农药登记环境影响试验常见问题解答

农业农村部农药检定所 编

中国农业出版社
北 京

编写人员

主　编　袁善奎　周艳明　周欣欣

参　编　（按姓氏笔画排序）

卜元卿　马晓东　王寿山　孔德洋　吕　露

刘　潇　刘永利　汤　涛　安雪花　李祥英

肖元卓　张天竞　陈　朗　赵　榆　赵亚洲

逄　森　姜福平　程　燕

Foreword 前 言

生态环境是人类生存和经济、社会发展的关键要素，近年来受到各国政府和社会各界的广泛关注和重视，保护生态环境是全人类面临的共同挑战和共同责任。农药的使用在控制虫媒生物和保护农产品供给方面发挥了积极的作用，但农药大多是人类有意识地投放到环境中杀死和控制有害生物的化学物质，给水体、土壤和大气环境造成潜在污染。自《寂静的春天》问世以来，农药对人类健康和生态环境造成的负面影响与危害受到持续关注。

为加强农药的环境安全性管理，我国自 1982 年开始实行农药登记制度。在当时《中华人民共和国环境保护法（试行）》的框架体系下，要求申请农药正式登记时应提交环境影响资料，但当时由于缺乏相应的环境影响试验准则，以及国内相关单位的科研技术能力也比较薄弱，实际上处于“有要求、无数据”阶段。1989 年，在蔡道基院士等老一辈科学家的努力下，国家环境保护局发布了《化学农药环境安全评价试验准则》，使得环境影响试验有了基本的技术规范和要求，但涉及的试验项目较少，可操作性和标准化方面均有待提高。随着《农药登记资料要求》多次修订和完善，环境影响资料要求也不断具体和细化，试验项目不断增加，并在 2017 年发布的最新《农药登记资料要求》中引入了环境风险评估理念。管理理念由之前的仅关注农药对环境生物的毒性提高到关注农药在环境中的量化风险，更为科学、更加符合实际，标志着我国农药环境安全性管理水平又上了一个新的台阶。

农药的生态毒理学决定其对环境中非靶标有益生物的毒性，环境归趋特性决定其在环境中的暴露量，二者在环境风险评估中共同决定了农药环境风险的等级。因此，生态毒理学和环境归趋试验的数据质量是农药环境风险评估与管理的根基。为更好地服务于农药登记试验，确保试验数据的可靠性、重复性和规范性，农业农村部农药检定所组织国内相关单位和优势力量，一直致力于建立一套适合于我国国情的标准化农药环境影响试验方法和体系。自 2014 年《化学农药环境安全评价试验准则》（GB/T 31270）系列国家标准发布以来，我国农药环境安全性测试标准方法以每年 10 项左右的速度递增。截至 2019 年 9 月，我国已制定用于农药登记的环境安全性测试标准方法 47 项，其中环境归趋类 15 项、生态毒理学类 32 项。此外，还有 10 余项试验方法标准正在报批过程中，已初步形成较为完善的标准方法体系，基本覆盖现行《农药登记资料要求》中的农药环境影响试验项目，成为农药环境风险评估体系的重要技术支撑，并在农药登记环境试验、农药生产企业产品开发和相关科研领域得到了广泛运用。

上述试验准则制定过程中一方面参考和借鉴了 OECD 或 EPA 相关的试验准则；另一方面也结合我国实际，制定了一些针对中国本土特有物种的试验方法。总体来说，我国现有的农药登记环境影响试验方法体系已基本接近发达国家的农药环境风险管理水平和要求。但我国对农药的环境风险管理具体工作起步较晚，技术能力水平需要不断提高，在试验准则执行和具体试验操作中经常会遇到一些技术问题和难点，亟需统一和明确相关要求，并不断壮大国内从事农药环境影响研究及试验的专业人才队伍，锻炼和提高专业人员技术能力。近期，我们针对农药登记评审过程中发现的和试验人员经常关注的常见技术问题，组织行业内有实际操作经验的专家交流讨论，最终梳理出400多个农药登记环境影响试验相关的问题并进行了解答，供农药登记评审人员、环境影响试验单位、农药生产企业及科研单位的技术人员参考，同时也可作为新从业人员的技术培训材料。本书对问题的解答，主要根据试验准则要求和专家的实际操作经验，难免存在不妥之处，敬请读者在使用过程中批评指正。

编　者

2020年4月

Contents 目　录

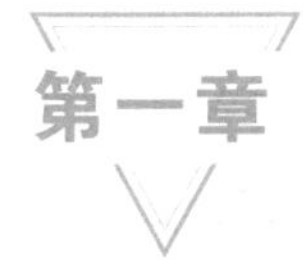

第一章 登记政策及资料要求

1. 哪些环境影响试验必须在中国境内实验室完成?

答：在农药登记申请中，蜜蜂半田间试验资料、桑叶最终残留试验资料等与环境条件密切相关的室外试验以及家蚕急性毒性试验资料、家蚕慢性毒性试验资料等中国特有生物物种的登记试验应当在中国境内完成。

2. 农药登记环境影响试验哪些项目必须在农业农村部认定的农药登记试验单位开展?

答：《农药登记试验单位评审规则》（农业部第2570号公告）附件1-6中的环境归趋试验A类和B类，生态毒理试验的A类、B类、C类、D类等相关的环境影响试验项目均应在农业农村部认定的农药登记试验单位开展。其中，农药在水中的分析方法、农药在土壤中的分析方法可以由申请人自行完成或委托其他单位完成，但分析方法的验证应在农业农村部认定的农药登记试验单位开展；申请人委托农药登记试验单位建立上述分析方法的，分析方法的验证应在另一农药登记试验单位开展。具体试验项目见表1。

表1 环境试验类别及项目清单

试验类型	试验类别	试验项目
环境归趋试验	A类	A1. 水解试验；A2. 水中光解试验；A3. 土壤表面光解试验；A4. 土壤吸附试验（批平衡法）；A5. 土壤淋溶试验；A6. 土壤吸附试验（高效液相色谱法）；A7. 农药在水中的分析方法验证试验；A8. 农药在土壤中的分析方法验证试验
	B类	B1. 土壤好氧代谢试验；B2. 土壤厌氧代谢试验；B3. 水—沉积物系统好氧代谢试验
生态毒理试验	A类	A1. 鸟类急性经口毒性试验；A2. 鸟类短期饲喂毒性试验；A3. 鱼类急性毒性试验；A4. 大型溞急性活动抑制试验；A5. 绿藻生长抑制试验；A6. 浮萍生长抑制试验；A7. 穗状狐尾藻毒性试验；A8. 蜜蜂急性经口毒性试验；A9. 蜜蜂急性接触毒性试验；A10. 家蚕急性毒性试验；A11. 寄生性天敌急性毒性试验；A12. 捕食性天敌急性毒性试验；A13. 蚯蚓急性毒性试验；A14. 土壤微生物影响（氮转化法）试验
	B类	B1. 鸟类繁殖试验；B2. 鱼类早期阶段毒性试验；B3. 大型溞繁殖试验；B4. 鱼类生物富集试验；B5. 蜜蜂幼虫发育毒性试验；B6. 家蚕慢性毒性试验；B7. 蚯蚓繁殖毒性试验
	C类	C1. 鱼类生命周期试验；C2. 水生生态模拟系统（中宇宙）试验；C3. 蜜蜂半田间试验
	D类	D1. 微生物农药鸟类毒性试验；D2. 微生物农药蜜蜂毒性试验；D3. 微生物农药家蚕毒性试验；D4. 微生物农药鱼类毒性试验；D5. 微生物农药溞类毒性试验；D6. 微生物增殖试验

3. 矿物油、硫磺（含石硫合剂）等产品登记可否减免环境影响试验资料？

答：矿物油、硫磺（含石硫合剂）等属于天然矿物源农药，已在自然界广泛存在，申请农药登记时可以减免环境影响试验资料，但与化学农药混配的不可减免。

4. 铜制剂产品登记可否减免环境影响试验资料？

答：无机铜农药申请登记可减免环境归趋试验资料，但不能减免生态毒理试验资料；有机铜类农药申请登记相关的环境归趋试验资料和生态毒理试验资料均不能减免。

5. 昆虫信息素类产品申请登记可否减免环境影响试验资料？

答：对于仅在诱捕器中使用的引诱剂和仅在挥散芯中使用的具昆虫交配迷向作用的信息素，由于与环境暴露接触的风险低，可以申请减免环境影响试验资料，但喷雾使用的制剂产品以及与化学农药混配的产品不可减免。

6. 种子处理剂、颗粒剂、土壤处理剂等非喷雾使用的农药制剂申请登记时可以减免哪些环境试验资料？

答：相对于常规非喷雾的施药方式，可减免对蜜蜂、家蚕、捕食性和寄生性天敌等生物的毒性试验资料，其中对于内吸性药剂，虽然对蜜蜂也存在暴露风险，但开展风险评估时可以直接用有效成分对蜜蜂的毒性数据进行评估。旱田用种子处理剂和颗粒剂，还可减免对鱼、溞、藻等生物的毒性试验资料（但撒施的颗粒剂需使用有效成分的毒性数据评估其对水生生态系统的风险），仅需提供对鸟和蚯蚓的毒性试验资料。

7. 用于池塘、河流、湖泊等水体的制剂（如用于莲藕的制剂）可以减免哪些环境试验资料?

答：可减免对蜜蜂、家蚕、天敌（捕食性和寄生性）、蚯蚓等生物的毒性试验资料。

8. 灌根、滴灌等施药方式的制剂可以减免哪些试验资料?

答：可减免对蜜蜂、家蚕、捕食性和寄生性天敌等生物的毒性试验资料。

9. 没有国家标准测试方法的环境影响试验能否参考 OECD 试验准则?

答：没有国家标准但有农业行业标准的，可按行业标准开展试验；如果没有国家标准、行业标准的，可以按 OECD 试验准则开展试验，但技术指标需满足评审技术要求。截至 2019 年底，已发布的可供参考的农药环境影响相关试验准则见表 2，尚有一部分国家标准、行业标准试验方法正在制定过程中。

表 2 农药环境影响试验相关准则清单

序号	试验项目	国内标准	国际试验准则或指南
1	水解试验	GB/T 31270. 2	OECD 111
2	水中光解试验	GB/T 31270. 3	OECD 316
3	土壤表面光解试验	GB/T 31270. 3	OECD 试验准则(草案)
4	土壤好氧代谢试验	GB/T 31270. 1	OECD 307
5	土壤厌氧代谢试验	GB/T 27856	OECD 307
6	水-沉积物系统好氧代谢试验	GB/T 31270. 8	OECD 308
7	土壤吸附或淋溶试验	GB/T 31270. 4、GB/T 31270. 5、GB/T 27860	OECD 106、OECD 312、OECD 121
8	农药在水中的分析方法及验证	NY/T 3151	US EPA OCSPP 850. 6100
9	农药在土壤中的分析方法及验证	NY/T 3151	US EPA OCSPP 850. 6100
10	鸟类急性经口毒性试验	GB/T 31270. 9	OECD 223
11	鸟类短期饲喂毒性试验	GB/T 31270. 9	OECD 205
12	鸟类繁殖试验	GB/T 21811	OECD 206
13	鱼类急性毒性试验	GB/T 31270. 12	OECD 203
14	鱼类早期阶段毒性试验	GB/T 21854	OECD 210
15	鱼类生命周期试验	NY/T 3089	OECD 240
16	大型溞急性活动抑制试验	GB/T 31270. 13	OECD 202
17	大型溞繁殖试验	GB/T 21828	OECD 211
18	绿藻生长抑制试验	GB/T 31270. 14	OECD 201
19	水生植物毒性试验	NY/T 3090、NY/T 3274	OECD 221、OECD 239

（续）

序号	试验项目	国内标准	国际试验准则或指南
20	鱼类生物富集试验	GB/T 31270.7	OECD 305
21	水生生态模拟系统（中宇宙）试验	NY/T 3148	OECD Series on Testing And Assessment No. 53
22	蜜蜂急性经口毒性试验	GB/T 31270.10	OECD 213
23	蜜蜂急性接触毒性试验	GB/T 31270.10	OECD 214
24	蜜蜂幼虫发育毒性试验	NY/T 3085	OECD 237
25	蜜蜂半田间试验	NY/T 3092	EPPO PP1/170（4）
26	家蚕急性毒性试验	GB/T 31270.11	—
27	家蚕慢性毒性试验	NY/T 3087	—
28	寄生性天敌（节肢动物）急性毒性试验	GB/T 31270.17	—
29	捕食性天敌（节肢动物）急性毒性试验	NY/T 3088	—
30	蚯蚓急性毒性试验	GB/T 31270.15	OECD 207
31	蚯蚓繁殖毒性试验	NY/T 3091	OECD 222
32	土壤微生物影响（氮转化法）试验	GB/T 31270.16	OECD 216
33	桑叶最终残留试验	NY/T 788	—
34	（微生物农药）鸟类毒性试验	NY/T 3152.1	—
35	（微生物农药）蜜蜂毒性试验	NY/T 3152.2	—
36	（微生物农药）家蚕毒性试验	NY/T 3152.3	—

（续）

序号	试验项目	国内标准	国际试验准则或指南
37	（微生物农药）鱼类毒性试验	NY/T 3152.4	—
38	（微生物农药）大型溞毒性试验	NY/T 3152.5	—
39	（微生物农药）微生物增殖试验	NY/T 3278	—

10. 具有环境归趋试验A类资质的单位是否可以承担植物源农药的好氧降解试验？

答：由于植物源农药的好氧降解试验无需同位素标记，可委托具有环境归趋试验A类或B类资质的单位开展该试验。

11. 哪些农药登记时需要开展土壤和水-沉积物代谢试验？

答：根据《农药登记资料要求》，化学农药新农药原药（母药），包括曾经获得农药登记，但没有有效状态产品登记的农药，以及新农药登记保护期内，未取得首家授权的原、药（母药）需要开展土壤和水-沉积物代谢试验。

12. 预试验或者前期的探索试验是否可以不遵从《农药登记试验质量管理规范》？

答：该类试验在质量管理方面与正式试验的唯一区别在

于，质量保证人员可不对前者进行项目检查。预试验或者前期探索试验中获得的关键性结果和结论应在正式试验计划书及报告中体现。

13. 对于有效成分含量较低的制剂，如果制剂与原药对某一非靶标生物的毒性差异>100倍，如何处理？

答：对于有效成分含量较低（<1%）的制剂，通常可不考虑制剂与原药毒性差异，因为低含量的制剂中助剂占了主要部分。例如0.02%戊唑醇颗粒剂，其原药对鸟的急性毒性 LD_{50} 为1 988 mg a.i./kg bw，该制剂 LD_{50} 为23 350 mg/kg bw，毒性并不高，但折算为以有效成分戊唑醇计时，则 LD_{50} 为4.67mg a.i./kg bw，为高毒。

14. 生态毒理试验的最终试验报告中对于每个处理每次重复的死亡率或者抑制率是否需要分别列出？

答：生态毒理试验的最终试验报告中，要求对每个处理每个重复每次观察到的死亡数、死亡率或者抑制率等原始数据单独列出，完整地反映试验结果。

15. “限度试验”和“试验浓度上限”有何区别和要求？

答：限度试验和试验浓度上限是两个不同的概念。

（1）限度试验：是指生态毒理试验中，当达到某一试验浓度或剂量，试验生物未出现明显的毒性效应，即可判定为低毒的情况，无需再提高浓度继续开展剂量效应试验，具体来说就是当试验样品可以达到限度试验规定的剂量或浓度，且试验样品毒性很低时，可开展限度试验，在不同非靶标生物的毒性试验准则中规定了开展限度试验的浓度或剂量。

（2）试验浓度上限：是指在生态毒理试验中，当试验样品为低含量药剂，或者有效成分在水中溶解度极低时，确实无法通过试验得出 LC_{50} 或 EC_{50} 等结果时，可根据试验中实际可达到的最高浓度设置试验浓度上限，此时不一定能够判定毒性级别，这种因试验浓度已达到上限，无法得出确切的试验结果时，应在试验报告中说明有关情况，例如为达到该试验浓度所开展的探索性试验过程和结果。

第二章 环境归趋试验

第一节　共性问题

1. 环境代谢试验中，同位素标记核素有哪些？如何选择？

答：首选的放射性同位素是^{14}C，如果分子中没有碳，或者只有不稳定的侧链碳存在时，^{32}P、^{35}S或者其他放射性同位素更加适合用作标记核素。由于氢很容易与生物体内内源性物质进行交换，因此不提倡使用^{3}H进行标记。

2. 环境代谢试验中，可以通过哪些途径查找母体的代谢途径及代谢物相关信息？

答：通常可以通过 EFSA、EPA 等权威官方网站查询相关母体化合物的评估报告，从中获取代谢途径及代谢物的相关信息。

3. 环境代谢试验中，需测定哪些代谢物的降解速率?

答：仅需测定主要代谢物的降解速率。

4. 农药在环境中的主要代谢物如何界定?

答：农药主要代谢物是指其在土壤、水和沉积物的降解试验中，在任何一次检测时间点中摩尔分数或放射性强度比例大于10%的代谢物。

5. 除GB/T 31270中推荐的5类土壤以外，可否使用其他类型土壤进行试验?

答：可以使用其他土壤。使用其他土壤时，土壤应具有代表性，若选择几种土壤开展试验，还需要确保不同土壤在pH、有机质含量、土壤质地等方面具有一定差异性。

6. 不同环境归趋试验称取的土壤质量不同（如土壤降解试验需要20g土壤，光解试验需要4g土壤），需要分别做添加回收试验吗?

答：不同环境归趋试验所选用的供试土壤的含水率不同，对萃取剂的萃取效果可能会产生影响，应分别进行添加回收试验。

7. 关于降解半衰期的计算，是否所有光解、水解、土壤降解试验均应按照 NY/T 3150《农药登记环境降解动力学评估及计算指南》中指定的软件进行计算？

答：应按 NY/T 3150 要求评估降解动力学并计算 DT_{50} 和 DT_{90}，该标准未指定计算软件，可自行选择符合要求的软件，也可手动计算。

8. NY/T 3150《农药登记环境降解动力学评估及计算指南》发布实施后，降解试验数据不遵循一级动力学时如何处理？

答：对于水解、光解试验，一般应按一级动力学模型计算，如不符合一级动力学模型，应在试验报告中分析并说明原因；对于土壤代谢试验、水-沉积物系统代谢试验，不符合一级动力学时，应按 NY/T 3150 的要求，评估是否符合 DFOP 模型或 FOMC 模型。

第二节　水解试验

1. 对于在水中溶解度极低（$<0.01\mu g/L$），采用 LC-MS等仪器均无法开展检测的供试农药，如何开展水解试验？

答：应尽量采用灵敏度更高的仪器或更大的浓缩倍数，确实无法检测的，可以向委托方出具情况说明，由委托方提出减免该项试验资料的申请。

2. 对于水解较快的农药，取样时间间隔非常短，而进行分析检测的时间较长，取样后能否立即放入冰箱保存待测？另外，由于降解较快，无法得到5个浓度为初始含量的20%～80%的点，降解试验结果如何计算？

答：有的农药在某一pH条件下会出现降解非常迅速的情况，实际操作中应在取样后立即萃取或直接进样。若放入冰箱中储存的，应提供稳定性试验数据确保储存期间供试农药未发生降解，并且还应考虑到冰箱中储存的样品检测之前需恢复至室温也需要一定时间。此类试验中，很难得到5个浓度为初始含量的20%～80%的点，无法计算DT_{50}的，试验结果可表示为DT_{50}<1h（示例）；如能计算出DT_{50}，但不足5个点的，建议在报告中给出计算结果。

第三节　光解试验

1. GB/T 31270.2水中光解部分要求供试物初始浓度为1～10 mg/L，对于水溶性差的供试物能否降低该要求？

答：可以根据难溶解化合物的溶解度情况，适当降低初始浓度。

2. 光解试验中对光源有哪些要求？

答：应选择与日光光谱接近的光源，一般选择氙灯，并用滤光片滤除<290nm 和>800nm 的部分。

3. 关于光解半衰期的计算，GB/T 31270.2 中规定不遵循一级动力学的无需计算。如何判断是否遵循一级动力学？

答：试验结束后，应按 NY/T 3150 要求评估降解动力学并计算 DT_{50} 和 DT_{90}。判断是否遵循一级动力学模型的主要依据为：①回归趋势线与实测浓度匹配，残差较小且在 x 轴两侧随机分布；②卡方检验的测量误差百分比一般应<15%；③降解动力学模型参数的置信区间应合理。

第四节　土壤降解/代谢试验

1. 使用放射性标记物的土壤代谢试验主要参考哪些方法？

答：可参考 OECD No. 307《土壤好氧代谢和厌氧代谢试验指南（Aerobic and anaerobic transformation in soil）》、美国 EPA 的导则 OPPTS 835.4100《土壤好氧代谢试验指南（Fate，transport transformation test guidelines：Aerobic soil metabolism）》和 OPPTS 835.4200《土壤厌氧代谢试验指南（Fate，transport transformation test guidelines：Anaerobic soil metabolism）》进行。国内相关试验准则目前正在制定中。

2. 应选择几种土壤进行好氧代谢/降解试验？

答：应采用有效成分的放射性标记物选择至少 4 种不同

代表性土壤进行好氧代谢/降解试验，主要代谢物需至少得出在3种不同代表性土壤中的DT_{50}。

3. 供试土壤采集后应尽快进行过筛等处理，但将潮湿的土壤过筛存在困难，应采取什么措施?

答：在该试验中，总体原则是尽量使用新鲜的土壤（不风干），但土壤太潮湿确实无法过筛时，建议适当风干到能过筛即可。

4. 应选择哪种培养系统进行试验，静态系统还是流式系统?

答：两种培养系统各有优势，不局限于使用哪种系统，满足试验要求即可。

5. 对于挥发性较强的农药，如何开展试验?

答：目前国内和国际上的土壤代谢/降解试验准则均不适用于挥发性较强的农药。若因客观原因无法进行试验，建议向委托方出具情况说明，由委托方提出减免该项试验申请。

6. 土壤代谢/降解试验中助溶剂的选择有何要求?

答：原则上不能选择抑制土壤微生物活性的助溶剂，如氯仿、二氯甲烷和其他含氯化物的溶剂等，毒性低的助溶剂还应考虑加入量不应影响土壤微生物的活性。

7. 土壤代谢/降解试验为什么要对土壤进行预培养?

答：风干土壤样品中的微生物处于休眠状态，预培养可恢复微生物种群动态平衡，使土样更接近自然状态。此外，通过预培养还有助于去除土壤中萌发的植物种子。

8. 代谢试验中对标记物的放射化学纯度有何要求？

答：应达到95%以上。

9. 使用同位素示踪法标记时如何选择标记位置？

答：放射性标记的位置应在化合物的最稳定部分。对含有一个环状结构的化合物，放射性标记（之一）应选择在该环状结构；对含有多个环状结构的化合物，应在不同环状位置分别进行放射性标记，并分别开展试验。

10. ^{14}C标记土壤代谢试验中，质量平衡的回收率是指什么？

答：放射性标记土壤代谢试验中，质量平衡的回收率指每次采样间隔及试验结束时，土壤提取液中的放射性、土壤残渣中的放射性、二氧化碳及其他挥发性有机物收集器中的放射性的总和占初始添加放射性的比例。

11. 环境代谢试验中对检测方法的回收率有何要求？

答：使用非放射性供试物的回收率应为70%～110%，使用放射性标记供试物的回收率应在90%～110%。

注：答案中给出的是对分析方法回收率的要求，非放射性供试物无法计算质量平衡回收率。

12. 如何测定土壤中的结合残留?

答：一般采取不同极性的有机溶剂4次提取土壤中的可萃取残留物后，土壤经氧化燃烧后用液闪仪测定。

13. 土壤降解试验需要采集几个时间点的土壤样品?

答：至少采集7个点，其中5个点浓度为初始浓度的20%～80%。

14. 对于实验室已经保存一段时间的土壤试材，使用前加水至40%饱和持水量，在25℃条件下避光培养14d备用，但培养14d后土壤较干，甚至出现结块，如何进行处理?

答：土壤试材原则上尽量使用新鲜的土壤，对于已经保存一段时间的样品需要加水培养，且保持含水率是饱和持水量的40%，为了防止土壤在培养期间失水结块，应在预培养过程中适时补水。

15. 土壤预培养期间是否要求定期补水并翻动土壤? 若需要，补水频次如何?

答：需要保持土壤含水率，视情况确定是否需要补水及补水频率，通常不需要翻动土壤。

16. 对于水溶性差的农药，如何配制供试物溶液?

答：可以先将供试物与少量石英砂或风干灭菌土壤混合，然后再与试验土壤混合，以确保供试物与土壤均匀混合。

17. GB/T 31270.1 中规定助剂的量为 1%，是指配制的溶液中还是最终土壤体系中的助剂量?

答：该准则中规定了 1%为体积分数，因此应指供试物溶液，而不是最终土壤体系。

18. 某些供试农药在加助溶剂助溶后易于析出，此时能否用丙酮/乙醇作为溶剂配制药液，与土壤混合后待溶剂挥发完毕再开始试验?

答：可加入少量丙酮助溶，但丙酮用量不应影响土壤微生物的活性；也可将供试物与石英砂或风干灭菌土壤混匀后再与供试土壤混合。乙醇对微生物毒性较大，不建议使用。

19. 向土壤体系中添加供试物时，对供试物水溶液的体积是否有要求?

答：GB/T 31270.1 未对此进行具体要求，但供试物水溶液添加至土壤后，土壤含水率应满足试验要求。

20. 土壤降解试验的质量控制要求中，土壤中供试物初始（实测）含量为 1～10 mg/kg，是否必须在这个范围内? 对于水溶性差的农药可否降低浓度?

答：土壤中供试物初始（实测）含量不一定要在 1～10 mg/kg，应根据农药的推荐用量确定初始添加量。对于水溶性差的农药可以将其与石英砂或风干灭菌土壤混匀后添加至土壤中。

21. 土壤降解试验的质量控制部分要求分析方法最低浓度检测限应低于初始添加浓度的1%，此处，“初始添加浓度”是指理论添加值、初始的实测值还是降解方程中的C_0值？

答：由于初始添加浓度、分析方法检出限（LOD）和添加回收浓度均应在试验计划书中进行设定，因而此处“初始添加浓度”指理论添加值。

22. GB/T 31270.1试验准则的质量控制中“初始含量”是指哪一个值？

答：此处指土壤中供试物的初始含量实测值。

23. 在土壤降解试验分析农药在土壤中的浓度时，是否应考虑土壤持水率？

答：应考虑土壤持水率，尤其是积水厌气条件下，持水率对分析结果的影响较大。

24. 土壤厌氧代谢试验需要选择几种类型的土壤？

答：需完成有效成分的放射性标记物在至少1种土壤中的厌氧代谢试验，若厌氧试验的试验结果显示试验土壤的代谢途径和代谢速率与好氧试验不一致，则应对至少4种不同代表性土壤进行试验（不包括厌氧条件下DT_{50}＞180d的情况）。

25. 土壤厌氧降解试验中，好氧条件下培养一个半衰期或30d后，直接加水至土层上1cm处，此后需要保持厌氧状态吗？其半衰期是从试验开始时计算，还是从加水时计算？

答：供试土壤在好氧条件下培养一个半衰期或30d后，加水至土层上1～3cm处。此后，应确保试验体系保持厌氧状态。厌氧半衰期从加水时开始计算。

26. 土壤厌氧降解试验中，C_0 的开始时间用哪个点进行计算？

答：C_0 以加水后试验体系转为厌氧条件的时间点计。

27. 土壤厌氧代谢试验中，添加回收率试验是用好氧培养30d的土壤还是用未培养的土壤？

答：可使用未培养的土壤，但应加水使其土壤/水的比例与试验条件相同。

28. 土壤厌氧降解试验中，加入1～3cm水层，通入惰性气体使系统处于厌氧环境，是否需要持续通入氮气，还是通入氮气后密封，并定期充入氮气即可？

答：两种操作方法均可，但应确保系统处于稳定的厌氧条件。

29. 对于植物源农药，通常有多个标志性有效成分，在开展土壤降解试验时如何计算多个组分的降解半衰期？

答：对于有多个标志性有效成分的植物源农药，应分别检测各有效成分在土壤中的降解情况，并分别计算 DT_{50}。

第五节　水-沉积物好氧代谢试验

1. 如何设置水-沉积物系统试验的初始浓度？

答：直接用于水体的农药，用其田间推荐最大使用量与培养瓶的水相表层面积推算初始供试物浓度。当初始供试物浓度接近最低检测限时，可适当提高添加量；其他情况下，供试物初始浓度应保证阐明供试农药在水-沉积物系统中的降解特性。

2. 水-沉积物系统代谢试验中，沉积物体系应满足什么条件？

答：应至少使用两种水-沉积物系统，一种沉积物为细质地［含量（黏土＋粉土）＞50％］，且具有较高的有机碳含量；另一种沉积物为粗质地［含量（黏粒＋粉粒）＜50％］，且具有较低的有机碳含量。两种沉积物的有机质含量差异应≥2％，含量（黏粒＋粉粒）差异应≥20％。应从厚度 5～10cm 的沉积物层采集供试沉积物，且同时在同一采样点采集相关水样。

3. 水-沉积物系统好氧代谢试验中如何选择取样点?

答：至少定期取样7次，其中5个点的浓度或含量应为初始值的20%～80%。

4. 水-沉积物系统好氧代谢试验的试验终点如何规定?

答：试验应持续至供试物降解至90%以上，但试验时间最长不超过100d。

5. 采用放射性标记供试物进行水-沉积物好氧代谢试验后，水中代谢物和沉积物中的代谢物均需要进行相关环境归趋和生态毒性试验吗?

答：水-沉积物系统包括水和沉积物相，在整个系统中摩尔分数或放射性强度比例大于10%的代谢物，需要进行相关环境归趋和生态毒性试验。

第六节　土壤吸附/解吸附试验

1. 农药吸附/解吸附试验（批平衡法）中，应如何选择供试土壤?

答：农药吸附/解吸附试验中，通常推荐采用红壤土、水稻土、黑土、潮土、褐土等5类土壤为供试土壤。供试土壤的选择一般需满足一定的条件，具体参见相关试验准则。

在代表性地区采集上述土壤中的4种农田耕层土壤，经风干、过筛后在室温条件下贮存，并测定土壤含水率、pH、有机质、阳离子代换量和机械组成。应确保所选土壤在上述参数方面要具有差异性。若土壤保存期超过3年，应重新测定pH、有机质、阳离子代换量等参数。

2. 测定供试物在土壤中的K_{OC}的方法有哪些及其适用范围？

答：测定供试物在土壤中的K_{OC}的方法主要包括以下3种。

（1）批平衡法（GB/T 31270.4、OECD 106）：配制5组以上的农药-氯化钙水溶液，按一定比例与土壤混合，充分振荡至达到吸附平衡，测定水相和（或）土相中农药的浓度，求出K_f和K_{OC}。该方法最准确，但不适用于在土壤中吸附率过低或过高，或在土壤和水中不稳定的农药。

（2）柱淋溶法（GB/T 31270.5、OECD 312）：制备土柱，在顶端添加农药，灌水，切段，分别测定各段土壤中农药的浓度，计算R_f，估算K_{OC}。适用于在土壤中吸附率较低的农药。

（3）HPLC法（GB/T 27860、OECD 121）：与多种已知K_{OC}的参照物一同进样，色谱柱为氰基柱，以参照物的lg K_{OC}和lgk'（容量因子k'=调整保留时间/死时间）建立标准曲线，测定供试物的k'并估算出K_{OC}。该方法为估算法，最不准确，适用于在土壤和水中不稳定的农药。

3. 土壤吸附试验中，当无法采用批平衡法时，如何选用试验方法？采用柱淋溶法还是 HPLC 法估算吸附系数？

答：当供试物在土壤-氯化钙水溶液体系中不稳定时，或溶解度极低，或吸附率过高时，采用 HPLC 法估算吸附系数；当吸附率过低时，采用柱淋溶法开展试验。

4. 土壤吸附/解吸附试验中，当水土比为 1∶1 时吸附率＜25%，或水土比为 100∶1 时吸附率＞80%等情况下，不能用批平衡法进行试验，应按 HPLC 法估算 K_{OC}。但在进行预试验时，是否必须要先进行水土比 1∶1和水土比 100∶1 的验证？

答：适宜的水土比可以通过以下 2 种方式获得。一是根据正辛醇-水分配系数、溶解度、HPLC 法估算 K_d，并确定水土比；二是设置水土比为 1∶1、5∶1、25∶1 等开展预试验。仅当预试验结果证明水土比为 1∶1 时吸附率＜25%，或水土比为 100∶1 时吸附率＞80%，供试农药不适用于批平衡法情况下，才能采用柱淋溶法或 HPLC 法。

5. 在土壤吸附试验中，由于试验浓度无法预知，是开展完预试验后再写试验计划书，还是将预试验的过程直接写入计划书？

答：该试验与生态毒理试验中的预试验内容和意义均不同，预实验也应按 GLP 管理并写入试验计划书和最终报告。试验流程应按“撰写试验计划书→预试验→根据预试验确定的水土比、平衡时间修订试验计划→开展正式试验”进行。

6. 土壤吸附/解吸附试验中，如何确定水土比？

答：应通过预实验确定水土比，在所选择的水土比下，供试农药的吸附率应高于25%，最好高于50%。对于特别难吸附的农药，水土比可设为1∶1；对于特别容易吸附的农药，水土比可设为100∶1。

7. 土壤悬浮液振荡速度如何确定？振荡器的转速宜控制在什么范围？

答：对振荡器转速、土壤悬浮液振荡速度不做具体要求，但应保证试验过程中土壤处于悬浮状态。

8. 土壤悬浮液转移过程中如何减少土壤的损失？

答：建议采用高速离心法，使土壤与氯化钙水溶液分离；同时，为减少离心过程中的损失，振荡过程可直接在离心管中完成。

9. 土壤吸附/解吸附试验中，计算土壤中供试物含量时，上清液的体积应使用加入时的体积还是离心后分离出的体积？

答：应使用加入时的体积计算。

10. 土壤吸附/解吸附试验的正式试验是否按照预试验的条件开展？

答：预实验的目的是确定正式试验的水土比、平衡时间，以及试验体系对供试物有没有吸附，因此正式试验应按预试验确定的条件开展试验。

11. 在吸附试验中，水土比 1∶1 吸附率<25%时，是否表示试验可终止？

答：当水土比 1∶1 吸附率<25%时，试验可终止。

12. 土壤吸附试验中要求试验浓度跨度为 2 个数量级，一般来说是 5 个试验浓度，点数是否过少？

答：一般要求至少为 5 个浓度点，试验过程中可以根据需要适当增加浓度点设置。

13. 土壤吸附试验中，对离心、过滤膜有何具体要求？

答：可参考 OECD 106 附录 5 的相关要求计算离心条件；当离心设备不能确保分离>0.2μm 的颗粒时，可在离心后过 0.2μm 的滤膜。

14. 土壤吸附试验中，每种土的正式试验一定要选择相同的水土比吗？

答：可根据预试验情况，不同的土壤设置不同的水土比，保证吸附率>25%，并尽量保持在 50%左右。

15. 土壤吸附试验中，什么情况下应同时检测水和土壤中农药的浓度？

答：满足以下情况之一时需同时检测水和土壤中的农药

浓度。

（1）农药吸附性过强或过弱导致水或土壤中农药含量极低。

（2）测得的 K_d 值＜0.3。

（3）试验期间供试物不稳定（土壤和水中的供试物母体总量减少至初始添加量的90%以下）。

（4）供试物在容器内壁或滤膜上有吸附。

第七节 土壤淋溶试验

1. 对于易土壤降解、易水解、易光解的供试物，如何进行土壤淋溶试验？

答：对于易水解和土壤降解的供试物，如果不能满足土壤淋溶试验质量控制要求的，不适合进行淋溶试验。对于易光解的供试物，可以将土柱系统用锡纸包裹后进行试验。

2. 土壤淋溶试验中，对添加浓度有何要求？

答：GB/T 31270.5 对添加浓度未设定具体要求。通常来说，为使供试物在土柱顶端均匀分布，可以添加供试物溶液（有机溶剂用量尽可能少）、悬浊液、乳状液，也可以将供试物与少量土壤、石英砂混合后添加。

3. 土壤淋溶试验中，应优先保证土柱填装质量在700～800g，还是保证土柱高度为30cm？

答：应保证土柱高度为30cm，且各重复间的土壤质量应尽量保持一致。

4. 土壤淋溶试验中，土柱填装过程中能否通过敲打使土壤紧实以保证高度?

答：土柱填装过程中可以通过敲打使土壤紧实，还可同时用柱塞轻微按压，直到顶部不再下沉。

5. 土壤淋溶试验中，利用氯化钙水溶液反渗透时，是否有时间要求?

答：根据 GB/T 31270.5，加水时间为 12h，但未规定淋洗时间；一般应使用蠕动泵等设备加压使水溶液通过土柱。

6. 土壤淋溶试验中，每种土壤的淋出速度不一致，如何能够很好地控制所有土壤在 24h 内淋出?

答：土壤机械组成不同，淋出速度必然有差异，可使用蠕动泵等设备进行控制。

7. 土壤淋溶试验中，对土柱的直径有无要求?

答：对土柱的直径无要求，但应根据实际的土柱直径确定淋洗所需水量。

8. 土壤淋溶试验中，对柱子材质有无要求?

答：应使用惰性材料，如玻璃、不锈钢、铝、聚四氟乙烯、聚氯乙烯。

9. 土壤淋溶试验中，土柱一定要分 3 段进行分析吗？

答：土柱至少分 3 段。分成 3 段以上进行多段分析时，应保证试验数据能够满足 GB/T 31270.5 中 4.3.2 部分的计算要求和附录 A 部分对淋溶性进行等级划分的要求。

10. 土壤淋溶结束后，如何分析土柱各层中的农药含量？

答：淋溶结束后，可以用软木塞将土柱小心推出，然后用工具把土柱平均分段后进行分析。如果是玻璃、氯聚乙烯等材质的土柱，也可以直接分段处理。将分段的土壤分别进行提取测定，并计算农药残留量。

第八节　水和土壤中分析方法及验证

1. 开展分析方法验证的独立实验室，需要具备什么资质？

答：开展水和土壤中分析方法验证的独立实验室指农业农村部认定的农药登记“环境归趋试验 A 类”资质的单位。

2. 如果供试物是农药的主要代谢物时，接收其标准物质时应注意哪些信息？

答：如果供试物是农药的主要代谢产物，接收时应仔细核实证书中的相对分子质量、分子式、结构式、储存条件、有效期等关键信息。

3. 土壤和水中分析方法开发需要做哪些参数，开发方法和验证方法的仪器种类和型号是否需要相同?

答：分析方法开发应至少包括提取方法、净化方法及分析检测方法，并进行添加回收试验得出回收率、定量限（LOQ）和检出限（LOD）；验证时所采用仪器种类应相同，但型号可不同。

4. 分析方法的 LOD 如何定义?

答：根据 NY/T 3151 准则的规定，LOD 指基质中的待测物可被可靠的检测出的最低水平。LOD 一般可设为基线噪声的 3 倍，以前处理方法的浓缩倍数和 LOQ 水平的回收率折算为待测物在基质中的浓度水平。比如在已固定的进样体积条件下，某一供试物在 0.01mg/L 时产生的信号是基线噪声的 3 倍，方法的浓缩倍数是 5，LOQ 添加水平的平均回收率是 80%，则 LOD=0.01/（5×0.8）。

5. LOQ 指方法的定量限还是仪器检测的定量限?

答：LOQ 一般指分析方法的定量限，该浓度会直接影响标准曲线范围和添加回收浓度的确定。

6. NY/T 3151 中 4.5.3 灵敏度部分提到“水中待测物的 LOQ 至少为 0.1 μg/L”应理解为“≥0.1 μg/L”还是“≤0.1 μg/L”?

答：应理解为水中待测物的 LOQ≤0.1 μg/L。

7. NY/T 3151 准则中，对水、土壤的选择有何要求？

答：水和土壤中分析方法及验证的整个试验中，应分别选择一种水和土壤进行试验。对于土壤，建议优先选择天然土壤。

8. 分析方法开发及验证试验报告中使用的基质应提供哪些信息？

答：土壤基质应提供土壤类型、pH、有机质含量等方面的信息，水应提供电导率、硬度、pH、溶解性、有机碳含量等方面的信息。

9. 水和土壤中分析方法及验证试验中，供试物在水和土壤中的定量限需要达到什么要求？

答：对于供试物在水中的定量限，应在 0.1 μg/L、鱼/溞急性 LC_{50}（EC_{50}）的 1%或供试物对藻 EC_{50} 的 10%之间选取数值较低者；对于供试物在土壤中的定量限，应在 5 μg/kg、土壤生物和底栖生物的 EC_{10}、NOEC 或 LC_{50} 之间选取数值较低者。

10. 对于在有机溶剂中溶解度低的农药，难以达到 NY/T 3151 规定的浓度要求（水中 0.1 μg/L、土壤中 5 μg/kg）。对于不能通过有机溶剂提取、浓缩富集降低定量限的农药品种，如何处理？

答：应选择合适的检测设备、浓缩富集等前处理方法，以尽量符合对 LOQ 的要求。经尝试多种方法仍不能满足要求时，可在试验报告中详细说明情况。

11. 土壤和水中分析方法验证试验中，标准曲线最高点必须为待测物最高含量的120%吗？

答：根据 NY/T 3151 的规定，标准曲线最高浓度宜超出待测物最高含量的20%。因此，高出最高含量的120%是允许的，但不应高出太多。

12. 分析方法开发及验证试验中，水土样品前处理环节有哪些注意事项?

答：样品前处理主要起到提取、净化和富集的目的，是检测方法开发的核心部分，应从操作简单、提取溶剂环境友好、处理时间较短等方面考虑。对于水样品，如果响应值较高，可优先考虑稀释后加入一定量的有机溶剂过膜直接进样，其次为使用有机溶剂提取浓缩的办法。对于土壤样品，采用合适的提取剂完成提取步骤后，在净化环节，应尽可能地去除主要杂质，避免基质效应，在净化程度和回收率之间找到合适的平衡点。

13. 如果基质中的供试农药需要做衍生化处理，在试验过程中需要注意哪些事项?

答：衍生化分为柱前衍生和柱后衍生，如采用柱前衍生，从方法的稳定性和重现性方面考虑，建议应考虑衍生化产物的稳定时间；如采用柱后衍生，需保证反应介质与流动相组成的一致性，尽量选择可以较快发生衍生化反应的试剂，同时还需考虑衍生试剂和衍生产物的溶解度。

14. 方法的回收率是采用单点定量还是标准曲线方程定量?

答：根据 NY/T 3151 的规定“将（添加回收）测试溶液得到的响应值代入标准曲线回归方程，计算样品中待测物的含量”，应选用标准曲线方程进行定量。

15. 是否需要考察基质效应（matrix effects，ME)，基质效应如何计算?

答：根据 NY/T 3151 的规定，不同样品基质，需分别考察基质效应，当基质效应绝对值<20%，可使用溶剂标准曲线进行计算，否则需用基质标准曲线进行计算。基质效应计算公式为：ME=（$a-b$）/$a\times100\%$。其中，a 和 b 分别为基质标准曲线和溶剂标准曲线的斜率 。

16. 采用质谱检测时，离子对应如何设置?

答：对于低分辨率质谱，应至少选择 3 个监测碎片离子，其中 1 个监测碎片离子用于定量分析，另外 2 个监测碎片离子（优先选择 $m/z>100$）用于定性分析；对于串联质谱，应至少选择 2 个监测碎片离子，选择 1 对丰度高的反应监测离子对用于定量分析，另外 1 对监测离子对用于定性分析。

17. 如何理解 NY/T 3151 准则中 4.5.2 精密度部分关于再现性的问题?

答：该准则中对再现性的具体描述为“使用相同的测试

材料按照相同的方法，在不同的条件下（如不同分析人员、不同批次的试剂等），选取代表性基质，在3个不同日期的时间段进行独立的回收率试验，至少应做2档添加浓度，每档浓度至少5次重复”。实际操作是指不同实验室、不同分析人员间测定结果的比较，即比较方法开发实验室和验证实验室之间的结果。

18. 土壤和水中分析方法验证试验报告应以正式报告出具还是以附录形式附在分析方法报告后面？

答：根据农业部第2570号公告，环境归趋试验A类资质包括“农药在水中的分析方法验证试验”和“农药在土壤中的分析方法验证试验”。因此，这两个项目是必须遵循农药登记质量管理规范进行的登记试验，需要单独出具试验报告。

陆生生物毒性试验

第一节　共性问题

1. 供试物的密度应由委托方提供还是试验机构自行测定？

答：密度是供试物的基本信息，原则上应由委托方提供。

2. 正式试验应按等比设计浓度，预试验是否也需要按照等比设置浓度？

答：预试验结果不参与最后正式试验报告的数据统计，因此，浓度设计可以按等比也可以按等差等其他方式来设置。

3. 生物试材的饲料，例如鸟的饲料、家蚕饲料（桑叶）、蜜蜂饲喂用白糖等是否需要经过检测才能用于试验？

答：生态毒性试验中，生物试材所需的饲料应满足相关试验准则的要求，应不含可能会影响生物试材生存与健康、可能影响试验结果的污染物。首先，在购置时应做好供应商调查，确保其符合相关试验要求；其次，对于鸟饲料、鱼饲料等国际国内相关试验准则中对其质量要求（如农药、重金属等污染物含量等）有推荐标准的，应定期进行相关检测；对于桑叶、白糖等饲料，国际国内相关试验准则目前暂未规定相关污染物限量值的，暂不要求检测，但对于桑叶，实验室应确保其来源可靠，种植、培养、采集及运输过程中无污染。

4. 家蚕、寄生性天敌、捕食性天敌等试验中是否需要考虑有效成分光解对试验的影响?

答：对于寄生性天敌，试验准则中要求所有试验均在避光条件下进行。对于其他两类试验，一般情况下，按照相关试验准则中要求的光照条件开展试验即可；极特殊情况下，可尝试采用避光条件进行试验。

5. 陆生生物生态毒性试验中，对有效浓度个数有什么要求?

答：对于除鸟类以外的其他陆生生物急性毒性试验，统计试验结果时，至少要有 5 个死亡率或抑制率不为 0 或 100%的有效浓度。对于鸟类急性毒性试验，至少要有 3 个有效浓度，但其中至少有一个浓度死亡率接近 50%，一个高于 50%，一个低于 50%。

第二节　鸟类急性毒性试验

1. 鸟类急性毒性试验准则中要求受试鸟应来自同一母本种群，怎么理解？

答：来自同一母本种群的受试鸟，指同一来源、同一繁殖种群繁殖而来的鸟。

2. GB/T 31270.9 对供试鸟有日龄要求，是否有体重范围要求？

答：按照 GB/T 31270.9 的规定，选择日龄符合要求的受试生物，未对体重范围进行规定。同时，各实验室应掌握各自实验室条件下供试鸟类的生长规律，确保所选用的受试鸟的生长状态符合该物种生长规律，健康状况良好。

3. 鸟类急性毒性试验通常要求受试鸟雌雄各半，如何区分鸟类的性别？

答：可根据形态、性腺特征等区分鸟类性别，具体可参考《农药登记环境影响试验生物试材培养 第 2 部分：日本鹌鹑》（报批稿）附录 A 部分。

4. 鸟类急性经口毒性试验中，对于一些有效成分含量很低的液体制剂农药，是否能直接使用制剂进行灌喂？

答：对于含量较低的农药制剂，可以直接使用制剂进行灌喂，并作为试验中的最高处理剂量组。

5. 鸟类急性经口毒性试验中，对于一些有效成分含量很低的液体制剂农药，按照每100g体重1.0 mL供试物以经口灌注法一次性给药后，受试鸟仍未见死亡。该情况下，为了风险评估中可以获得确切的毒性数据，可否考虑增大灌喂量进行试验？

答：若对照组采用与处理组相同的灌喂体积/体重比，受试鸟的正常存活未受影响，可结合实际情况适当增大灌喂体积/体重比，并如实记录和说明。应当注意的是，首先要关注试验方法的科学性，不能为了获得确切的毒性终点值而盲目增大灌喂量。在鸟类急性风险评估过程中，制剂未获得确切的毒性数据不会对效应分析产生较大影响，还可采用原药的急性经口毒性数据进行评估。

6. 鸟类急性经口毒性试验灌喂过程中，一些毒性较低的黏稠的农药制剂（如膏剂），在灌喂药剂时容易残留于灌喂工具中，应如何处理？

答：膏剂一般用于树干涂抹，不需要提供鸟类经口毒性试验资料。如其他剂型供试物在试验中出现此类情况，可以考虑使用胶囊法进行灌喂，或者灌喂前后进行称量处理，获得实际灌喂量。

7. 鸟类急性经口毒性试验中，对于不溶于水且含量较低的颗粒剂，使用胶囊法灌喂染毒时，灌喂胶囊数量较多易导致鸟类死亡，较少又难以达到较高的剂量。应如何开展试验？

答：各实验室可根据本实验室条件和经验确定适宜一次性灌喂的胶囊数量，但应保证灌喂空胶囊的空白对照正常存活，并详细记录相关现象。

8. 鸟急性经口毒性试验，因为供试物刺激性较大，给药后供试鸟出现呕吐时应如何处理？

答：在试验报告中详细描述相关现象，或者尝试使用胶囊法灌喂。

9. 采用胶囊法进行鸟类经口急性毒性时，可能会因试验人员的操作差异而导致装进胶囊的供试物质量不同，这种差异性是否允许？

答：不同胶囊内的供试物量允许存在轻微差异，但同一试验中，应使用相同精度的天平进行称量，且应在试验计划中规定允许的误差范围（通常不应大于所使用天平在给定称量范围内的允许误差）。

10. 鸟类短期饲喂毒性试验中，是否需要每天测定饲料的消耗量？

答：需要测定每日饲料消耗量。

11. 鸟类短期饲喂毒性试验中，易溶解的农药制剂使用喷雾器进行饲料染毒时，对喷雾量有无规定？

答：首先，制剂不需要提供鸟类短期饲喂试验数据；其次，易溶解的农药使用喷雾器进行饲料染毒时，对喷雾量没有具体规定，可根据实际情况确定（不应影响饲料被鸟自由采食）。

12. 根据鸟类短期饲喂试验要求，投喂药品期间供试农药的含量不能低于规定含量的80%，如何进行控制？

答：鸟类短期饲喂试验中，应进行供试农药在饲料中的稳定性分析，并在试验期间对饲料中的供试物浓度进行测定与确认。否则，应每天更换新配制的染毒饲料。

13. 鸟类短期饲喂试验过程中，如何确定饲料更换频率？

答：一般来说，饲料投喂量应满足鸟类正常生长的食量需求。此外，未进行饲料中供试物的稳定性分析与测定的，应至少每天配制并更换饲料。

14. 鸟类短期饲喂毒性试验中，受试鸟出现拒食现象时应如何处理？

答：在试验报告中详细描述相关现象，或者尝试降低处理组浓度进行试验。当部分高剂量处理组由于拒食而死亡率低于较低剂量试验组时，应分别报告剔除拒食剂量组数据和未剔除拒食剂量组数据计算得到的 LC_{50} / LD_{50}。

15. 对于难溶于水的农药纯品、原药或制剂，可用少量对鸟类毒性低的有机溶剂助溶，有机溶剂用量一般不得超过 0.1mL（g）/L，很多情况下，因为助溶剂量过少，达不到助溶的效果。这类情况应如何处理?

答：首先，试验前应查询供试物在各种溶剂中的溶解度，选择毒性低、易于溶解供试物的助溶剂助溶，并额外设置溶剂对照组（助溶剂用量与各处理组一致）。其次，尝试采用物理方法如超声、磁力搅拌等促进溶解。经过上述努力仍然难溶解的，可降低处理剂量进行试验或者采用胶囊法等其他方式进行试验，并在原始记录和试验报告中详细描述所有处理过程。

16. 鸟类急性毒性试验中，受试鸟的常见中毒症状有哪些?

答：受试鸟常见中毒症状主要包括运动失调、流涎、腹泻、拉绿白痢、羽毛无光泽、羽毛脱落、羽毛皱竖、食欲不振、精神萎靡、双翅下垂、腿软、闭目、垂头、两腿叉开、聚堆、头向后或偏向一侧、拒食、体重骤降、全身无力、昏睡、躁动不安、啄趾、啄羽、好斗、濒死、活力下降、死亡等。

第三节　蜜蜂急性毒性试验

1. 蜜蜂毒性试验中对蜜蜂蜂笼的大小、材质有无具体要求？

答：GB/T 31270.10 未对此做出明确要求，建议选用化学惰性、吸附性小且易于清洗的材质，空间大小应能满足蜜蜂活动的需要。

2. 蜜蜂经口毒性试验中，若配制的药液太黏稠，与糖水难以混合均匀时，应如何处理？

答：尝试采用振荡、超声等物理方法辅助溶解与混合，或者适当降低试验剂量。

3. 蜜蜂急性经口毒性试验中，对于有效成分含量非常低的农药，配制母液浓度称药量过大，糖水不易溶解，应如何处理？

答：尝试采用振荡、超声等物理方法助溶。对于液体类制剂，还可采取直接将蔗糖加入供试物中配制试验液的方法。此外，也可考虑适当降低试验浓度。

4. 蜜蜂急性接触试验中，农药不能完全溶解于丙酮时如何处理？

答：建议尝试使用其他对蜜蜂无毒的溶剂改善溶解性，或者适当降低试验剂量进行试验。

5. 对于异味较浓的乳油类供试农药，试验过程中可能会使蜜蜂摄食量减少，应如何处理？

答：建议尝试通过降低浓度，或者适当提高饥饿时间、用纯蜂蜜代替糖水等措施减少该情况的发生。如发生摄食量下降的情况，应如实记录并在报告中描述相关情况。出现部分高剂量处理组受试蜜蜂由于拒食而导致死亡率低于较低剂量试验组时，应分别报告剔除拒食剂量组数据和未剔除拒食剂量组数据计算得到的 LD_{50}。

6. 当最高剂量组（T7）实际摄食量和死亡率均低于次高剂量组（T6），且剩余剂量组（T1～T6）的摄食量和死亡率表现为线性剂量-效应响应关系时，剂量组 T7 的试验结果可否用于统计分析？

答：应在试验报告详细描述该现象并分析原因（如由于拒食引起）；统计试验结果时，应分别报告剔除 T7 和含 T7 组试验数据得到的 LD_{50}。

7. 蜜蜂急性经口试验中，若样品具有刺激性气味，蜜蜂拒食，考虑使用蜂蜜水配制药液时，对于蜂蜜有什么具体要求？

答：蜂蜜应尽可能与实验室蜂群来源于相同的养蜂场、无农药残留，并在报告中描述相关情况。

8. 对于刺激性气味且易分层的乳油类供试农药等，配制后的药液为悬浊液，静置（如 2h）后还可能出现分层现象，导致难以准确计算蜜蜂摄食量和 LD_{50} 值，应如何处理？

答：建议尝试控制饲喂量，以减少饲料剩余量。

9. 蜜蜂经口毒性试验中，3 个平行中的某个平行出现拒食现象，延长饲喂时间后无明显改善，结果统计过程中可否使用此平行的数据？

答：3 个平行表现出的毒性效应差异较大。此时，应首先检查试验体系或试验操作是否存在问题，并重新开展试验。

10. 蜜蜂急性毒性试验中，蜜蜂麻醉方式和时间的差异可能会对试验结果产生影响，可否统一？

答：目前只需确保对照的存活率满足试验要求即可。

11. 对于含量极低的供试农药，当最高剂量组无法达到限度试验要求的剂量时如何判定毒性级别？

答：对于低含量的制剂，可根据实际情况配制一个可实现的最高浓度试验液进行染毒处理，若该剂量下受试蜂的死亡率＜50%，结果可表示为 LD_{50}＞该设定剂量。

12. 限度试验是否必须满足染毒剂量＞100μg a. i. /蜂？试验需延长观察时间时，毒性级别判定基于哪个时间点的 LD_{50} 进行？

答：如无特殊原因，限度试验的浓度必须设置为 100μg a. i. /蜂（考虑耗食量差异，实际染毒剂量允许轻微偏离），否则应解释原因。在对照组死亡率不超过 10％的情况下，若处理组 1d 和 2d 后的死亡率差异达到 10％以上时，需延长观察时间（最多延长至 4d），并使用延长观察后的试验结果进行毒性级别判断。

第四节 家蚕急性毒性试验

1. GB/T 31270. 11 中推荐的蚕种存在购买困难时，可否选用其他蚕种？

答：GB/T 31270. 11 推荐了菁松×皓月、春蕾×镇珠、苏菊×明虎，但上述品系无法获取时，也可以选择生产上常用的其他代表性的品系。

2. 如何获得合格的供试家蚕？

答：为获得合格的供试家蚕，应尽量选择有资质的、货源稳定的专业供应商，其蚕种生产应符合 NY/T 1093 和 NY/T 327 的规定。同时，尽可能缩短蚕种运输时间，运输过程中避光及避免雨淋，防止剧烈振动和接触有毒物质，避免高温（＞30℃）、低温（＜0℃）等恶劣情况，以保证蚕种质量。在蚕种引入后或试验前，应取少量蚕卵进行孵化率检查，孵化率应>95%。正常蚕卵呈椭圆形扁平状，卵涡呈椭圆形。死卵卵涡呈三角形或有棱角的下凹；受精卵呈灰褐色或灰绿色，未受精卵为黄色或浅黄色。

3. 如何获得合格的试验用桑叶?

答：作为饲养试验用家蚕的饲料，实验室应确保其桑叶来源可靠，种植、培养、采集及运输过程中无污染。参考《农药登记环境影响试验生物试材培养 第4部分：家蚕》（报批稿）附录B，选择叶位、叶色适宜的桑叶饲喂不同龄期的家蚕。

4. 饲喂蚁蚕用桑叶能否提前采集保存? 保存条件有何要求?

答：应尽量使用新鲜桑叶，如需提前采集，可于试验前1d采集，冷藏、避光保存。

5. 桑园日常管理有哪些注意事项?

答：对于试验用桑叶的来源——桑园，应从以下几方面做好日常管理。

（1）春季时预防倒春寒。春季枝条已发芽，嫩芽若受冻害应及时剪去霜冻部分，并浇灌桑园，使土壤保持湿润以预防再次霜冻。

（2）夏秋季是病虫害高发季节，由于不能使用化学农药，主要采取齐平剪伐（距地面50～80cm，使枝条处于同一水平面）等物理措施，或者引进赤眼蜂等天敌生物，以控制桑螟、桑毛虫、桑粉虱等虫害。

（3）冬季需进行清园、施肥和剪枝处理。

（4）应始终避免桑园被农药等污染物污染。

6. 对蚕种的储存有何要求？储存多长时间为宜？

答：刚收到的蚕种应冷藏（2～8℃）、避光保存，保存时间最长不超过 2 个月，并应在规定期限内催青使用。

7. 挑蚕过程中，如何避免 2 龄蚕受到物理伤害？

答：首先，试验人员应具有熟练操作经验。其次，可使用软毛画笔或镊子进行挑蚕，使用镊子挑蚕时可在镊夹处贴一层医用胶布。

8. GB/T 31270.11 规定，若使用有机溶剂等作为助溶剂，溶剂的量不得超过 0.1 mL（g）/L，母液配制过程中可否超过该比例？

答：母液直接作为试验液，或者由于母液中助溶剂含量高导致试验液中溶剂的量超过 0.1 mL（g）/L 时，应在计划书和试验报告中描述该偏离（偏离试验准则）并进行相关说明，试验期间观察溶剂对照是否对供试家蚕产生了毒性影响，并详细记录。母液不作为试验液且最终试验液中助溶剂的量未超过该比例时，无需进行偏离处理。

9. 叶片浸液染毒处理后需悬挂晾干，可否采用平铺晾干法，使供试物在叶片上的分布更均匀？

答：一般来讲，平铺的方法也是可以采用的，尤其适用于供试物为原药的试验。

10. 某些药剂（如灭生性除草剂）常常会导致桑叶干枯，试验中应如何处理此类情况？

答：当某一试验液浓度下，由于供试物原因导致桑叶干枯影响家蚕正常食用时，应增大桑叶更换频率（如每天更换）或降低试验浓度开展试验。

11. 供试物为昆虫生长调节剂类农药时，如染毒后3～4d家蚕死亡率增加了10%以上，需延长观察时间。若低浓度组死亡率增加超过了10%，但高浓度组未超过，是否也需要延长观察时间？

答：只要出现处理组家蚕死亡率增加超过10%的，均需延长观察时间。

12. 延长观察期间应饲喂染毒桑叶还是新鲜的未染毒桑叶？

答：延长观察期主要考察被试物的延迟效应，应饲喂未染毒桑叶。

13. 如需延长观察时间，延长时间如何把握？最终毒性评价等级是否仍然参照4d的毒性数据进行划分？

答：根据GB/T 31270.11的规定，试验3～4d家蚕的死亡率增加10%以上时，应延长观察时间，直至1d内死亡率增加小于10%。最终毒性评价等级应参照延长观察后的毒性数据进行划分。

14. 家蚕急性毒性试验中，各重复之间死亡数差异总是很大，原因是什么？如何处理？

答：应从试验体系、试验操作、环境条件等多方面查找原因，并采取相应的预防纠正措施。

15. 某些情况下（如药剂味道较为特殊、桑叶染毒后叶片表面变黏），饲喂染毒桑叶后，受试家蚕出现逃逸、拒食等现象，此类情况下如何开展试验？

答：当预试验发现该类现象时，应降低试验浓度继续进行试验，直至获得家蚕可正常取食桑叶的浓度。若该浓度可作为限度浓度，则开展限度试验，否则，开展剂量-效应试验，并将高浓度处理组拒食情况在原始记录和试验报告中进行详细叙述并分析原因。

16. 限度试验中，供试物浓度达 2 000 mg a. i. /L 时仍未见家蚕死亡，但与空白对照相比有明显的中毒症状，如活动减弱、取食量减少、体型较小、发育迟缓等，应如何评价？

答：根据 GB/T 31270.11 中的限度试验要求，此情形下，仍属于限度试验。出现的中毒症状需要在原始记录和试验报告中进行详细描述。

17. GB/T 31270.11 未规定参比物质乐果的毒性终点值范围，应根据什么标准来评价参比物试验结果是否合格?

答：GB/T 31270.11 中未推荐参比物质乐果的毒性终点值范围，需要各实验室结合自身的试验体系，反复多次试验，增加数据积累，建立本实验室内乐果对家蚕的毒性背景数据，选择合理的数据范围对本实验室的试验体系进行质量控制。

18. GB/T 31270.11 推荐使用乐果作为参比物质，但参比物试验（浸叶法）结果显示乐果对家蚕为低毒。是否可采用喷雾法等其他方法进行参比物试验?

答：参比物试验的目的不仅仅是检验试验生物试材，更重要的是检验整个试验体系的稳定性。家蚕急性毒性试验有两种桑叶染毒方法：浸叶法和喷雾法。因此，开展“浸叶法”家蚕急性毒性参比物试验时，不能使用喷雾法染毒；而开展“喷雾法”家蚕急性毒性参比物试验时，应使用喷雾法对桑叶进行染毒处理。

第五节　蚯蚓急性毒性试验

1. 蚯蚓饲养过程中，推荐使用什么饲料?

答：蚯蚓的饲料种类较多，可选用植食性动物发酵后的粪便（使用前需进行巴氏灭菌，避免喂食后滋生小虫），也可以使用煮熟后的大米、红薯、玉米，以及香蕉皮等。饲养过程中，还可根据需要定期添加豆粉、豆饼等高蛋白饲料。投喂时，应将适量食物埋入土壤中，避免发霉、滋生虫子等。

2. 蚯蚓饲养过程中，何时更换饲养基质与分箱？

答：根据蚯蚓的种群密度和个体大小来决定饲养基质的更换频率。更换饲养基质或分箱时，可利用蚯蚓怕光的习性将成年蚯蚓聚集在饲养箱底部，或者定点投放食物吸引蚯蚓集中取食，然后将其转移至新饲养基质中培养，并在原饲养基质中继续培养小蚯蚓和茧。

3. 蚯蚓饲养过程中易发生哪些病虫害，如何防治？

答：蚯蚓饲养过程中常见细菌性、真菌性、病毒性疾病或寄生虫和其他生物的滋生。通常由饲养基质或食物（如未发酵食物、腐烂的水果）带入饲养系统。因此，饲养过程中，蚯蚓养殖环境应及时通风，并通过及时翻土或更换基质、（根据需要）用碳酸钙或醋酸调节 pH、饲喂发酵完全的食物、对食物进行灭菌处理等方法进行预防。上述病菌或虫害滋生后，可将蚯蚓挑出，清洗干净后转入新的基质中。若发生大面积滋生无法清除，应及时舍弃该批蚯蚓，引入新的种群。

4. 饲养过程中，如何避免出现蚯蚓逃逸现象？

答：易发生蚯蚓逃逸的情形及其控制方案如下。

（1）蚯蚓刚引入实验室时易出现逃逸现象，此时，应保持饲养环境有长期光照，使其进入土壤中适应1周左右再转入黑暗环境下饲养。

（2）饲养土壤底部湿度过大时，也会导致蚯蚓因缺氧而逃逸到箱外，此时可添加新的基质来调节土壤湿度或更换培养基质。

（3）饲养密度过大时，大量成蚓与幼蚓同箱可能会导致成蚓逃逸，此时应进行分箱处理。

5. GB/T 31270.15要求蚯蚓的体重范围在300～600mg，在挑取蚯蚓时，会沾染一些土壤，如何保证其体重在要求范围内？

答：在对蚯蚓进行称量前，需用蒸馏水对蚯蚓进行清洗，并用滤纸适当吸干其身体表面的水分。

6. 蚯蚓饲养过程中使用的土壤是否必须和供试土壤一致？

答：无需一致。饲养期间一般使用有机质含量较高的自然腐殖土，试验时一般采用人工土壤。但试验前应将受试蚯蚓转入人工土壤中培养至少24 h。

7. 人工土壤配制过程中，泥炭有时呈结块状态，是否需在配制前进行过筛处理？对筛网孔径有何要求？

答：为保证混合均匀，应将泥炭磨细后过筛，通常过2mm筛即可保证泥炭混合均匀。

8. 人工土壤配制过程中，泥炭含有一定含水量时如何处理，是否需在配制前测定其含水量？

答：用于人工土配制之前，应将泥炭进行风干处理。人工土配方中泥炭的质量是以干重计，因此，用于配制前需测定其含水量。

9. 若人工土壤配制完成后，pH 符合 5.5～6.5 的要求，是否仍需添加碳酸钙？

答：碳酸钙的作用为调节 pH，当 pH 符合要求时不必再添加，可用 2g 石英砂代替，使人工土配方中石英砂的比例为 70%。

注：即 GB/T 31270.15 人工土配方中的工业沙比例为 70%，本书推荐使用石英砂。

10. 在人工土壤与供试物混拌之前是否应先测定含水量，以确定称取的土壤质量为 500g（干重）？

答：配制好的人工土壤是有一定含水量的，应先测定其含水量，再依据含水量计算出 500g 干重土壤所需的称样量（湿土重）。

11. 蚯蚓在染毒前是否应在人工土壤中预适应 24h？

答：染毒前，须将蚯蚓提前 24h 放入人工土壤中，使其适应人工土壤环境，并充分排出体内食物。

12. GB/T 31270.15 要求正式试验按一定级差设置 5～7 个浓度组，对于级差大小有无具体要求？

答：可以根据实际预试验结果来设定正式试验浓度及其浓度间距，参考其他陆生生物毒性试验准则要求，级差通常不应超过 2.2 倍。

13. GB/T 31270.15 要求采用有机溶剂助溶以配制试验液时，有机溶剂用量不能超过 0.1mL/L，当供试物溶解性较差时，能否提高有机溶剂的用量？

答：当使用有机溶剂助溶时，其用量应尽量满足试验准则的要求。当供试农药（尤其是原药）水中溶解度较低时，可使用低毒的有机溶剂直接配制试验药液，将药液加入适量石英砂中混合均匀，静置，待溶剂完全挥发后再将染毒的石英砂与供试土壤混拌均匀。对于制剂，也可将配制好的均匀、分散的试验药液与少量供试土壤混拌均匀后，再与剩余土壤拌匀染毒。

14. 对于含量低、毒性低的颗粒剂，在试验过程中供试物用量大，对蚯蚓生存环境造成影响，供试物添加量应控制在什么范围内？

答：供试物允许添加量要根据供试物的特性具体情况具体分析。应通过预试验探索哪些浓度下制剂用量会对蚯蚓的生存环境造成不利影响，哪些浓度下可产生与供试物毒性相关的剂量效应响应关系，进而选择试验方式（限度试验或在适当的浓度范围内开展正式试验），并在试验计划书和报告中充分说明浓度设计理由。

15. 对于某些具刺激性气味的供试农药，可能会导致蚯蚓爬至土壤表面或者往瓶口处爬行、逃逸，应如何处理？

答：当预试验中发现该类现象时，应采取措施避免受试蚯蚓逃逸。一方面，当有效成分在土壤中较为稳定、将染毒土壤平摊放置一段时间不会发生明显降解时，可待染毒土壤气味减弱后再加入蚯蚓。另一方面，可降低试验浓度继续进行预试验，直至获得不会产生蚯蚓逃逸等可能对试验结果有影响的浓度。若该浓度可作为限度浓度，则开展限度试验，否则，开展剂量-效应试验，并在原始记录及试验报告中如实描述高浓度处理组中发生的上述现象。

16. 采用丙酮等有机溶剂配制试验液时，染毒后的土壤是否需要平摊散发气味后才能用于试验？

答：当以丙酮等有机溶剂配制试验药液时，为了避免有机溶剂对受试蚯蚓产生不良影响等，不能将试验液直接与供试土壤混合，而应采用石英砂等作为中间介质进行染毒。具体操作方法如下：将试验液加入适量石英砂中混合均匀，静置，待溶剂完全挥发后再将染毒的石英砂与供试土壤混拌均匀。

17. 蚯蚓急性毒性试验中，结果调查时发现某一容器中蚯蚓总条数多于试验开始时的蚯蚓总数（10 条），且部分蚯蚓身体极短，该情况下如何计数？

答：结果调查过程中，只应计数带有环带的蚯蚓。其他的无环带的部分可能为部分蚯蚓发生身体断裂所致，应在原始记录和试验报告中记录和描述这一中毒症状。

18. 对于难以研磨的颗粒剂类供试物，应如何开展试验？

答：该情况下，应优先选用直接称量法配制试验溶液，即直接称取一定量的供试物，配制成体积适量的试验液，超声助溶后全部（试验溶液＋底部颗粒）加入供试土壤中进行染毒。当试验浓度较低，采用直接称量法存在困难时，可考虑适当加大各浓度组的染毒土壤配制量，混合均匀后再从中称取适量土壤进行试验。对于以沙砾等无毒或低毒材料为载体的颗粒物，通过预试验验证可行时，也可采用超声、有机溶剂助溶等方式，使母液中的有效成分充分溶解后再稀释得到不同浓度的试验液进行试验。

19. 蚯蚓急性毒性试验中必须测定含水量吗？测定频率有何要求？

答：GB/T 31270.15 要求土壤含水量占土壤干重的30％～35％，且试验过程中需要保持这一含水量。因此，一般应在试验前测定供试土壤含水量，以确定染毒过程中需添加的水量，使其满足试验要求。然后，试验开始时和试验结束时也应进行测定，以确认试验过程中土壤含水量是否满足要求。最后，为确保试验过程中土壤含水量始终满足要求，试验期间还应根据试验系统的质量变化及时补水。

20. 蚯蚓中毒死亡后有时会腐烂消失，而未死亡的蚯蚓中毒症状不是很明显，应如何判断蚯蚓的中毒症状？

答：结果调查时应如实记录所观察到的现象，包括存活蚯蚓的中毒症状（如身体断裂等）及中毒数量、死亡后蚯蚓的可见症状。

21. 蚯蚓毒性试验中，是否每个试验都要测定人工土壤的 pH？

答：人工土配制过程中应测定人工土壤的 pH 以确定是否需要添加碳酸钙；试验开始时还应测定各处理组人工土壤的 pH，以确定染毒处理后其 pH 是否仍在 6.0±0.5 范围内。

22. GB/T 31270.15 中描述："在标本瓶中加入 500g 土，加入农药溶液后充分拌匀"，但实际操作时在标本瓶中不容易使药液与土壤混匀，是否可以先将人工土与供试农药混匀后再转移到标本瓶中？

答：可以，确保供试农药与人工土壤混拌均匀即可。

23. GB/T 31270.15 中要求用纱布扎好瓶口，是否可以用有孔的保鲜膜或封口膜进行封口，或者用有孔的塑料盖封口？

答：上述做法与"用纱布扎好瓶口"的目的与作用相同，即在保障容器内试验体系与外界空气交流的基础上，有效避免蚯蚓逃逸，因此都是可行的。

24. GB/T 31270.15 中要求光照度为 400～800lx，但未描述具体的光照周期，是否为 24h 持续光照？

答：应为 24 h 持续光照，以保证试验期间蚯蚓始终生活于试验土壤中。

25. 若某处理组的某个平行中所有存活蚯蚓抱成一团而死亡率较低，其他平行中未形成抱团现象但死亡率较高，从而导致各平行间死亡率差异较大，应如何处理？

答：可在染毒后第 7 天观察时分开抱团的蚯蚓，使其分散在土壤中。原始记录及试验报告中应对该现象进行如实记录和描述。差异过于显著时应分析原因。

26. 蚯蚓急性毒性试验中，对参比物试验的频率有何要求？

答：每批次蚯蚓用于试验前均应进行参比物试验。在实验室长期饲养的蚯蚓，至少每年进行一次参比物试验。

27. 蚯蚓急性毒性试验中，蚯蚓的常见中毒症状有哪些？

答：蚯蚓急性毒性试验中，常见的中毒症状包括停留在土壤表层不进入土壤、在土壤表层扭动、身体僵硬、在土壤中抱团、身体断裂、身体损伤、身体肿胀、环带肿大、身体溃烂等。

第六节 土壤微生物毒性试验

1. 本试验中，对于供试土壤的类型是否有统一要求？

答：GB/T 31270.16 对土壤类型未做统一要求，供试土壤只要符合准则中要求的各项土壤理化特性即可，包括砂粒含量、pH、有机碳含量、微生物生物量等。

2. 本试验中，对于供试土壤的贮存有何要求？

答：本试验中宜使用新鲜土壤。如需贮存，应置于（4±2)℃下、黑暗处保存，保持好氧条件，贮存时间不应超过3个月［如土壤采自每年至少有3个月封冻的地区，可考虑在（−20±2）℃下贮存6个月］。每次试验前均需测定供试土壤的微生物生物量，微生物生物量中的碳含量至少应达到土壤有机碳总含量的1%。

3. 每批次供试土壤都需要分别测定其理化特性吗？

答：若各批次供试土壤均采自同一地点，土壤详细背景信息一致，部分土壤参数无需每批次都进行测定（微生物生物量指标除外）。

4. 关于土壤最大持水量的测定，有无可参考的标准方法？

答：土壤最大持水量的测定可参考 NY/T 3091 附录 B、

NY/T 1121.21 等标准方法进行测定。

5. 关于供试土壤微生物生物量的测定，有无可参考的标准方法?

答：可参考 ISO 14240－2 使用氯仿熏蒸法测定微生物生物量或总有机碳。

6. 关于供试土壤砂粒含量的测定，有无可参考的标准方法?

答：可参考 LY/T 1225《森林土壤颗粒组成（机械组成）的测定》中规定的方法。

7. 土壤微生物毒性（氮转化法）试验中，要求调节土壤含水量为最大持水量的 40%～60%，但含水量过高容易出现土壤成团，不利于微生物生长。若选择最大持水量的 50%或以下，可能会由于试验期间水分散失导致试验结束时的含水量达不到要求，如何保持土壤含水量?

答：首先，应选择砂粒含量在 50%～75%的土壤作为供试土壤。其次，土壤染毒搅拌过程中可适当控制环境湿度。最后，试验开始时应逐一测定各个试验培养系统的总质量，试验期间定期进行补水，使含水量保持在试验开始时的水平。

8. 土壤微生物毒性试验中，浓度的设置是依据田间最大施用量还是根据模型预测的最大暴露浓度来设置？

答：试验浓度可参考供试农药的田间最大施用量进行设置，也可根据模型预测的最大暴露浓度进行设置。

9. 根据农药登记资料要求，化学农药原药登记需要进行土壤微生物试验，但原药无法提供田间施用剂量，应如何进行试验浓度的设置？

答：对于新农药，原药和制剂应同时提交登记申请，因此原药试验时可使用相应制剂的推荐用量；对于非新农药，可参考已登记产品的田间用量。

10. 土壤微生物毒性试验（氮转化法）中，对于土壤硝酸盐含量的测定方法有无统一要求？

答：土壤硝酸盐含量的测定方法目前无统一要求。可参考 HJ 634—2012《土壤　氨氮、亚硝酸盐氮、硝酸盐氮的测定 氯化钾溶液提取-分光光度法》进行测定，也可采用色谱法及其他仪器与方法进行测定。

11. 根据 GB/T 31270.16，若供试物为难溶于水的物质，需包埋于石英砂后与土壤混合（砂土比例 10 g/kg）。后续计算含水量和供试物在土壤中浓度时是否应该把石英砂的质量算入干土质量中？

答：石英砂的质量应计入干土质量。但未计入也不会对试验结果产生影响（加入量非常低，10 g/kg），在报告中进行说明即可。

12. 土壤微生物毒性试验中，有机底物的补充加入是否影响土壤含水量？有机底物的质量是否计入土壤干重中？

答：有机底物的加入比例为0.5%，对土壤含水量的影响可忽略。试验过程中，先将有机底物加入土壤中搅拌均匀后再进行土壤的染毒等操作，有机底物可计入土壤干重中。

13. 根据GB/T 31270.16，各处理组土壤中，供试物的加入量、供试物在土壤中的均匀度要保持一致。但是，染毒时，试验液与土壤较难混匀，尤其是加入去离子水调节含水量至40%～60%后，容易出现结块现象，应怎样避免此类情况发生？

答：混匀是试验质量控制的首要要求，是必要条件。建议一是选择沙粒含量在50%～75%的土壤；二是避免一次性加入所需的去离子水，而是在混匀过程中少量、多次加入，以达到更好的混拌效果；三是借助适当的仪器设备（如搅拌机等）将土壤样品充分混匀。

14. 硝酸盐含量测定过程中对土壤取样量有无要求？

答：无统一要求，应根据试验中所采用的硝酸盐测定方法来确定。

15. 硝酸盐提取过程中，氯化钾溶液的浓度应采用 1.0 mol/L 还是 0.1 mol/L?

答：GB/T 31270.16 中推荐使用 0.1 mol/L 氯化钾溶液，也可使用其他合适的提取剂。

16. 土壤微生物毒性试验（氮转化法）中，第 14 天硝酸盐形成率的计算是以第 14 天与初始的硝酸盐含量差值除以 14 还是以第 14 天与第 7 天的硝酸盐含量差值除以 7 来计算?

答：第 14 天的硝酸盐形成率以第 14 天与初始的硝酸盐含量差值除以 14 来计算。第 28 天及延长试验周期后，相关样品硝酸盐形成率的计算同理。

17. GB/T 31270.16 规定，土壤微生物毒性试验（氮转化法）中，低浓度处理组和对照组的硝酸盐形成速率的差异不大于 25%时，认为该农药对土壤中的氮转化没有长期影响。如果第 28 天时，低浓度处理组与对照组差异小于 25%，高浓度处理组与对照组差异大于 25%，是否可以结束试验?

答：该情况下可以结束试验，试验结果表述为："试验结束时（第 28 天），低浓度组（××mg/kg dry soil）对土壤中的氮转化没有影响，高浓度组（××mg/kg dry soil）硝酸盐形成速率偏离对照组的百分率为××%"。

第七节 天敌赤眼蜂急性毒性试验

1. 赤眼蜂急性毒性试验应选择哪种供试生物（包括寄主生物）进行试验？

答：根据GB/T 31270.17的规定，推荐使用松毛虫赤眼蜂、玉米螟赤眼蜂、稻螟赤眼蜂、广赤眼蜂、拟澳洲赤眼蜂、舟蛾赤眼蜂等；寄主生物推荐使用柞蚕卵、米蛾卵等。

2. 赤眼蜂卵卡应如何保存？

答：建议贮存于4℃冷藏箱中，但不宜时间过长，以免影响出蜂率。

3. 赤眼蜂毒性试验中，如何判断赤眼蜂卵卡是否合格？

答：质量较好的柞蚕卵卡，表现为卵粒饱满，灰白色无绿卵；米蛾卵卡，表现为卵粒饱满，棕色无黑卵。

4. 制备赤眼蜂卵卡时，对于黏合剂有何要求？

答：推荐使用天然桃树胶或阿拉伯树胶，亦可选择其他天然树胶作为黏合剂。

5. 如何保持赤眼蜂的羽化率稳定？

答：首先应确保卵卡的质量，其次要考虑培养体系和环境条件的稳定性。

6. 天敌赤眼蜂急性毒性试验中，应使用羽化后多久的赤眼蜂？

答：试验应使用羽化 48h 内的成蜂。

7. 赤眼蜂羽化出蜂时间大约需几天？

答：25℃条件下，赤眼蜂出蜂时间通常为 1～3d。但也可能受蜂种或其他因素影响，出蜂时间有所延长。

8. 影响赤眼蜂卵卡出蜂的因素有哪些？

答：主要有蜂种、温度及湿度条件等因素。

9. 试验时可否使用间隔较近的两个批次寄生卵？

答：不可以。同一试验中，供试成蜂应来源于同一批次寄生卵，且同一时间开始羽化。

10. 用于饲喂赤眼蜂的蜂蜜水可否一次配制多次使用？

答：推荐现用现配。如配制后多次使用，需置于 4℃冰箱冷藏，并尽快使用。

11. 天敌赤眼蜂急性毒性试验转蜂时应采用哪种光源？

答：根据实验室自身条件选择合适的光源进行试验，无具体要求。

12. 天敌赤眼蜂急性毒性试验中，试验浓度如何计算？

答：基本原理是：试验剂量×指形管内表面积＝试验浓度×添加溶液体积。计算时需注意单位的转换。

13. 对于制剂类供试农药，在制作药膜管时，应优先选择丙酮等有机溶剂还是水作为溶剂配制试验液？

答：宜优先选择丙酮等有机溶剂溶解供试农药，避免药膜难以干燥。

14. 制备药膜管时，如何提高管内药膜的均匀性？

答：宜先手动滚动药膜管，使药液均匀分布于指形管内壁，再置于滚管器上。

15. 制备药膜管时可否进行加热以提高风干速度？

答：不可以，高温可能会使供试物发生变性或降解。

16. 乳油类供试农药，药膜长时间无法干燥时如何处理？

答：建议尝试降低试验浓度。

17. 如何避免转蜂时赤眼蜂被蜂蜜水粘住而导致死亡？

答：可降低蜂蜜水浓度，使用棉线或牙签在管内多次画线，降低蜂蜜水厚度。

18. 赤眼蜂急性毒性试验中，1h 后转蜂时赤眼蜂在药膜管内爬行后无法转出至新管的，是否应该计入死亡蜂？

答：首先采取有效措施尽量将赤眼蜂全部转移，个别不能转入的以死亡计。

19. 赤眼蜂急性毒性试验中，药膜管上的药膜呈现油状时，赤眼蜂爬行时可能会被粘在药膜上，无法转移的赤眼蜂计入死亡还是存活？

答：出现药膜对受试赤眼蜂的黏附现象时，建议降低试验剂量开展试验。题中情况发生后，对于个别不能转移的赤眼蜂，计入死亡数。

20. 赤眼蜂出现爬行缓慢的症状时，如何加快转蜂速度？

答：可利用赤眼蜂的趋光性加快转蜂速度。

21. 如何利用赤眼蜂的趋光性转接赤眼蜂？

答：用黑布包裹赤眼蜂所在指形管，对接目标指形管后，打开光源，引导赤眼蜂进入目标指形管。

22. 对于气味较大的供试农药，赤眼蜂不主动爬入药膜管时，采用毛笔将其扫进去可能导致少量赤眼蜂死亡，有无更科学且有效的操作方法？

答：应改进操作方法，避免实验操作带来的机械损伤。

或适当降低试验浓度开展试验。

23. 有颜色的供试农药制成药膜管后，转蜂数量难以控制，有无科学且有效的操作方法？

答：建议先转入 100 头左右的赤眼蜂到空白管中，然后再将其转入药膜管。对照组也采用同样的方法转两次。

24. 使用内面积 100 cm^2 的指形管进行急性毒性试验是否合适？

答：可以使用，但是药膜管制备过程中要尤其注意药膜的均匀性。

25. 部分供试农药存在吸潮现象，赤眼蜂会被黏附，有什么更好的解决办法吗？

答：建议尝试降低试验过程中培养箱或试验环境的相对湿度。

26. 部分供试农药在药液干后有颗粒或粉末析出，药会从管壁上脱落，这种情况应如何处理？

答：建议尝试降低试验浓度开展试验。确实出现此类情况时，以实际观察的毒性效应为准。

27. 如何较为精确地对赤眼蜂进行计数？

答：目前无相关专业仪器设备辅助赤眼蜂的计数，因此，只能依靠加强试验技术人员的训练，提高计数的熟练程度。

28. 赤眼蜂急性毒性试验中，如何判断赤眼蜂是否死亡？

答：赤眼蜂黏附于管壁，或在光源下毫无反应则视为死亡。

第八节 天敌（瓢虫）急性接触毒性试验

1. NY/T 3088 试验准则中为何推荐使用七星瓢虫？

答：七星瓢虫为我国本土种群，且易于人工饲养与繁殖。

2. 如何辨别七星瓢虫的 2 龄幼虫？

答：瓢虫卵孵化后 3～4d，1 龄幼虫经过一次蜕皮成为 2 龄幼虫。2 龄幼虫背部第一腹节出现两黄色刺疣。

3. 应选择哪种蚜虫作为瓢虫的食物？

答：可选择豆芽或桃蚜作为瓢虫的食物，亦可根据实验室环境条件选择其他合适物种。

4. 应选择哪种植株作为蚜虫的寄主？

答：可使用蚕豆作为寄主，亦可根据实验室地域环境选择其他合适寄主。

5. 如何收集瓢虫卵块?

答：通常在饲养笼中放入黑色塑料袋、橙色硬纸等对瓢虫产卵具有吸引性的介质，诱导其进行产卵以便收集。

6. 如何判断瓢虫卵块是否合格?

答：合格的瓢虫卵块饱满光泽，通常为橙色，无黑色或灰色卵粒。

7. 如何解决瓢虫产卵量低的问题?

答：建议采取以下措施提高瓢虫产卵量，包括：保证蚜虫足量供应；严格控制饲养环境温度、湿度及光照周期（光照：黑暗为16h：8h)；保持饲养笼内干净卫生；选择合适的产卵介质。

8. 蚕豆幼苗转接蚜虫的最佳时机是什么?

答：蚕豆苗长至3～5cm时，适宜转接蚜虫。

9. 如何避免蚕豆在催芽过程中发霉?

答：对蚕豆进行催芽处理时，需每日用清水冲洗种子，并使用干净湿毛巾/纱布覆盖种子。

10. 如何提高蚕豆种子的发芽率及其幼苗成活率?

答：可在种植前对蚕豆种子进行消毒、浸泡、筛选、催芽等，淘汰染病、腐烂的种子。

11. 蚜虫饲养过程中，如何避免出现转接至新的植株后繁殖速度变慢的问题？

答：蚜虫转接时，应选取体表具有光泽的成年蚜虫进行转接，使用软毛刷轻轻将蚜虫扫入新植株顶端或直接将带有蚜虫的植株茎叶置于新植株附近，以此减少对蚜虫的损伤。

12. 蚜虫饲养过程中，如出现食蚜蝇等蚜虫天敌，导致蚜虫被其幼虫取食，如何处理与预防？

答：在食蚜蝇暴发季节应减少饲育体系与外界环境的物质交换，避免引入食蚜蝇等蚜虫天敌。出现该类天敌时，首先消灭其成虫，而后彻底更换植株及种植土壤，并避免引入食蚜蝇卵及幼虫。

13. 瓢虫幼虫非常脆弱，暴露染毒或饲喂过程中如何转移？

答：可使用棉签、硅胶镊子等柔软工具进行转移。

14. 为何强调将供试瓢虫幼虫单头接入药膜管中？

答：七星瓢虫为捕食性昆虫，多头同时饲养容易引起争抢食物甚至自相残杀等现象，易造成潜在死亡率的增加进而影响试验结果的科学性与准确性。

15. 瓢虫急性毒性试验过程中，每日饲喂蚜虫前是否需要清理残余蚜虫？

答：根据NY/T 3088的规定，饲喂蚜虫前需将残余蚜虫清理干净。若不清理，既会减少瓢虫与药膜管的接触面积，又会影响瓢虫对活蚜虫的正常取食，可能影响试验结果。

16. 试验过程中指形管是否可以垂直放置？

答：根据NY/T 3088的规定，指形管应平放，以保证瓢虫能够自由爬行，减少垂直放置带来的不利影响。

17. 制备药膜管过程中是否有时间控制要求？

答：根据供试品的稳定性及溶剂的性质决定。

18. 根据NY/T 3088的要求，助溶剂用量不得超过0.1mL（g）/L，是否可以加大用量？

答：特殊情况可以加大助溶剂用量，但应确保染毒前助溶剂完全挥发，建议优先选用丙酮等易挥发的助溶剂。

19. 当供试农药靶标为蚜虫时，若试验过程中出现蚜虫死亡，并间接导致瓢虫因缺少食物而死亡的情况，如何处理？

答：建议饲喂时将蚜虫及蚕豆苗同时引入药膜管内，或者增加投喂蚜虫的频率。

20. 瓢虫急性毒性试验中对指形管的尺寸大小有无规定?

答：NY/T 3088 中没有对指形管尺寸进行规定，但要求对瓢虫进行单头单管饲养，理论上不存在空间大小影响瓢虫活动的问题。

21. NY/T 3088 规定每天饲喂足量活蚜虫，那每天的饲喂量是否需要变化?

答：蚜虫饲喂量满足瓢虫对食物的需求即可。

22. 瓢虫试验时，每天蚜虫的饲喂量是否需要严格规定并记录?

答：满足瓢虫对食物的要求即可，可记录饲喂操作。

23. 药膜管法试验中，受试瓢虫可能会集中到封口用的纱布上而不在药膜管内爬行，如何有效防止这一现象?

答：供试农药具有一定的刺激性气味时，可能会产生这种现象。建议尝试其他封口方式及药膜管制作方式以避免受试瓢虫集中于封口处，或者封口材料上同样均匀涂布上供试农药。

24. 如何判断瓢虫幼虫是否死亡?

答：判断瓢虫幼虫的死亡标准为：使用解剖针轻轻触碰虫体，完全无反应则视为死亡。

25. NY/T 3088 规定，当限度试验的上限剂量未出现死亡，则无需继续试验。如上限剂量致死效应<50%，是否需要继续试验？

答：当供试物达到上限剂量时，若受试瓢虫的致死率<50%，无需继续进行试验。

26. NY/T 3088 未规定限度试验的推荐剂量，可否参考寄生性天敌试验准则，采用 3 000 g a. i. /hm² 作为限度试验？

答：不能参考寄生性天敌试验准则，委托方有义务提供供试农药的田间推荐使用剂量。

27. 瓢虫急性毒性试验中，参比物试验结果应采用死亡率还是校正死亡率进行数据统计？

答：应采用校正死亡率。

28. 瓢虫急性毒性试验中，是否每引入一批瓢虫均需进行一次参比物试验？

答：如果从外部直接购买的瓢虫卵卡，每批次瓢虫均需开展一次参比物试验；实验室内长期饲养繁殖的瓢虫，每年至少开展一次参比物试验。

29. 瓢虫急性毒性试验中，如何确定试验结束时间？基于死亡率还是羽化情况？

答：试验应持续到各浓度处理组（含对照组）受试生物

全部羽化或死亡率稳定时结束。

30. 瓢虫急性接触毒性试验中，处理组受试瓢虫幼虫出现不化蛹、不羽化或者化蛹/羽化时间延长时，应如何确定试验结束时间?

答：对照组幼虫全部羽化后，处理组仍未羽化的，应继续观察，直至羽化或死亡率稳定。原始记录和试验报告应如实记录和描述受试幼虫出现的不化蛹、化蛹时间延长、羽化时间延长、蛹干瘪、变黑等观察到的中毒症状。

31. 试验过程中，中毒症状表现不明显的，如何描述?

答：无明显中毒症状的，如实记录；有中毒症状的，描述具体的症状及记录表现出该症状的受试生物数量，必要时，可注明相关症状的表现程度（如轻微、严重）。

第四章 水生生物毒性试验

第一节　共性问题

1. 水生生物毒性试验中，对于在试验系统中不稳定的供试物，是否必须采用流水式试验方法？如采用半静态法，如何设定试验液更换周期？

答：首先应分析供试物在试验系统中不稳定的原因，并参考 NY/T 3273 和 OECD GD 23 采取相应措施维持/优化暴露浓度。试验期间供试物在试验系统中的浓度无法维持在 80%～120%范围内时，应选用流水式试验方法或半静态试验方法（至少每 24 h 更换试验液），藻类试验除外（应采用静态法）。

2. 供试物易降解时，是否应对母体和降解产物同时进行浓度检测？是否需将降解产物浓度换算成母体浓度后再进行试验结果分析与统计？

答：对于供试物在试验体系中易降解的供试物，应参考 NY/T 3273 开展试验，具体参考意见如下。

（1）供试物在试验系统中半衰期<1h 时，原药可申请减免水生生物试验资料，并提交主要代谢物的水生生物试验资料；制剂试验中，可将配制好的储备液/试验液放置一段时间（如至少 6 个半衰期，使 90%以上母体转化为代谢物）后再进行染毒，试验结果以主要代谢物的实测浓度计。无需将降解产物浓度换算成母体浓度进行统计分析。

（2）供试物在试验系统中半衰期在 1～72h 时，应选用流水式试验方法或半静态试验方法开展试验。根据实际情况，还可包括降解产物毒性的测定。如测试制剂毒性时，可根据其有效成分原药及其主要代谢物的毒性确定试验方法。

①若母体毒性高于主要代谢物或与主要代谢物相当，试验结果以母体的初始实测浓度或实测浓度的几何平均值计。必要时，可增加浓度分析频率，如测定暴露后 12h 的浓度。

②若主要代谢物毒性高于母体，可将配制好的储备液/试验液放置一段时间使 90%以上母体转化为代谢物后再进行染毒，试验结果以主要代谢物的实测浓度计。

（3）供试物在试验系统中半衰期>72h 时，测定母体的毒性。

（4）试验期间，应采取措施确保样品的采集和分析过程中母体不会再进一步分解。

3. 供试物在酸性条件下稳定，中性或碱性条件下易水解，但酸性条件下的 pH 不满足相关试验准则要求，此时是否可以调节试验液 pH？

答：pH 的调节原则上不应超出相关试验准则规定的范围；可采用其他方式处理易降解问题，参考 NY/T 3273、

OECD GD 23。

4. 试验液 pH 很低时，是否需要调节 pH 以满足相关试验准则要求？

答：当试验液 pH 不满足相关试验准则要求时，应通过向储备液中滴加 HCl 或 NaOH 等方式将 pH 调节至未加供试物之前的 pH 左右，再将储备液稀释到设定浓度开展试验。

注：pH 调节方法应确保储备液浓度不会发生任何显著变化，且不会引起化学反应或供试物的沉淀。

5. 由于供试物本身的特性导致试验液硬度指标不符合相关试验准则要求时，是否应对试验液的硬度进行调节？

答：如未发现硬度变化对试验结果有影响，可不予调节；若有影响，可采取合理方法进行调节，但应确保加入的试剂不会对受试生物产生毒性，不会使储备液浓度发生显著变化，且不会引起化学反应或供试物的沉淀。

6. 微囊悬浮剂、微囊悬浮-悬浮剂、缓释粒剂应如何开展试验并测定试验溶液浓度？

答：上述类型制剂需采用静态法进行试验。试验时分别测定（囊内）缓释有效成分的游离态和全部态浓度。建议通过离心的方法检测水样中的游离态浓度，采用有机溶剂萃取的方法检测水样中的全部态有效成分。

7. 当供试物为原药，以水中溶解度上限作为试验浓度时，若死亡率（或抑制率）<50%，可否直接判定 LC_{50}（或 EC_{50}）>该溶解度上限？还是应通过其他方式，例如添加有机溶剂助溶，以求得确切的毒性端点值？

答：当供试物在水中溶解性较差时，预试验阶段应安排饱和溶解度探索性试验，以确定试验条件下供试物在试验体系中可达到的最大溶解度。为了增大供试物在试验液中的溶解，可采取超声、搅拌、振荡、加助溶剂等措施。具体方法可参考 OECD GD 23 和 OCSPP 850.1000 相关指导文件。当使用助溶剂对提高水中溶解度作用不大时，优先使用直接溶解法。当供试物在饱和状态下未表现出急性毒性时，即最大溶解度下死亡率（或抑制率）<50%时，可以“LC_{50}（或 EC_{50}）>该试验浓度上限”作为试验结果。试验报告中应详细描述饱和试验液制备方法（含前期对试验液制备的探索性试验过程），提供供试物的水溶解度，并对饱和溶液进行评估。

8. 是否所有试验液均应进行离心或过膜处理以获得真溶液？

答：真溶液是指由至少两种物质组成的均一、稳定的混合物，被分散的物质以分子或更小的质点分散于另一物质中。水生生物试验中，应将供试物配制成均一和稳定的溶液、悬浮液或乳状液开展试验，不应片面追求“真溶液”（尤其是当供试物为混配制剂时）。以下情况可以将受试生物直接暴露于试验液中开展试验：①不经过膜/离心处理，试验液呈现均匀、分散状态时；②试验液中存在微量不溶物，但预试验结果表明不溶物不会对试验生物产生物理性损伤/致死等作用的。但应注意，采用上述试验液直接染毒的情况下，应在有效成分浓度检测过程中采取相应措施，将水样进行离心/过膜处理获得真溶液后再进行后续的前处理操作。

9. 当供试物为悬浮剂，配制成试验液静置后产生沉淀时，可否进行抽滤或虹吸处理？

答：短暂静置后出现沉淀时可通过抽滤、分液漏斗或虹吸等方式分离沉淀物；试验过程中出现沉淀时应进行记录并写入最终试验报告，并建议使用损失后的测量浓度算术平均值表示试验结果。上述情况下，为测定试验液中有效成分浓度进行相关前处理前，应将水样进行离心/过膜处理，以获得真溶液。

10. 当需要对试验溶液进行离心或过膜处理获得真溶液时，对离心速度和滤膜孔径有何要求？

答：可采用离心法和滤膜过滤法分离不溶于水的供试物（优先采用离心法），具体方法如下：①离心法：在 100 000～400 000 m/s^2（10 197×g～40 789×g）的转速下离心 30 min。②滤膜过滤法：使用孔径为 0.22～0.45 μm 的惰性材料滤膜过滤，滤膜在使用前先用高纯水润洗，然后再用试验药液润洗。

11. 试验液体积过大不宜进行离心处理，而过膜速度又很慢时，可否提前1d制备试验液并开始过滤？

答：试验液体积较大时，可采用适当增大滤膜孔径、分液漏斗或虹吸等方式去除悬浮物后用于暴露。但是，为测定试验液中有效成分浓度进行相关前处理前，应将水样进行离心/过膜（滤膜孔径≤0.45μm）处理，以获得真溶液。至于可否提前1d配制试验液并过滤，应综合考虑供试物的特性，如稳定性等。

12. 对于有效成分溶解度相差较大的混配制剂，应如何制备试验液？

答：开展混配制剂毒性试验时，应优先考虑直接将储备液稀释到试验浓度，配制成悬浮液或乳状液，再根据实际情况判断是否需要在暴露前对试验液用分液漏斗、虹吸、离心、过膜等方式去除悬浮物。不宜采用将储备液过膜/离心后稀释的方法配制试验液，该方法易导致试验液中各有效成分的配比较其制剂产品中的配比发生很大变化。

13. 混配制剂产品中各有效成分的溶解度有时差异较大，会出现一个组分的含量低于仪器检出限而另一组分超出仪器检测限的情况，该如何处理？

答：各组分分别采样检测，针对不同组分分别采取稀释或富集等方法进行处理，以达到检测分析的目的。

14. 对于毒性较高或水溶解度较低的农药，由于试验浓度较低，有时无法检出，可否不对试验液浓度进行测定，而通过测定储备液浓度推算试验液浓度？

答：首先，应分析有效成分无法检出的原因，包括是否选择了正确的分析方法（如菊酯类农药应采用气相色谱法用ECD检测器进行检测）、前处理方法是否得当等。然后，通过采用更适宜的分析方法、更高精度的分析仪器，以及提高前处理技术水平等技术措施提高检测水平，检测每个处理组中的试验浓度。

经过多种改进仍无法检测的，应在试验报告中详细描述化学分析方法建立过程以及最终选用的化学分析方法，以确认所选用的方法已经是目前最先进的（包括采取了可行的浓缩处理）。缺少满足定量检测要求的分析方法时，试验应选用半静态方法或流水式方法。所有处理组浓度都无法定量的，可采用储备液的实测浓度推算试验液的理论浓度；当部分处理组浓度可定量，部分处理组浓度低于定量限时，在分析方法正确、有效且试验过程中进行了供试物浓度检测的前提下，对于未检出供试物的，也可使用供试物的检测限作为终浓度；对于检出供试物但不能定量的，可用分析方法定量限的1/2作为终浓度。半静态试验中，初始浓度可检出，24h浓度无法检出时，试验结果可以初始实测浓度计。如可行，建议适当增加检测频率，如暴露后12h。

15. 阿维菌素 B_2 中，B_{2a} 和 B_{2b} 两个组分浓度相差很大，高浓度组两个组分均可检出，低浓度组仅能检出其中一个组分，类似情况如何处理？低浓度处理组的浓度能否表示为“检出组分浓度＋未检出组分的仪器检出限”？

答：同一有效成分的两个组分降解、吸附等特性相似时，如此例中，可根据其中一个组分的实测浓度及供试物中两个组分的比例，推算另一个组分的浓度并计算总浓度。其余情况，对于低浓度组中未检出的组分，在分析方法正确、有效且试验过程中进行了供试物浓度检测的前提下，可使用供试物的检测限作为终浓度；对于检出供试物但不能定量的，可用分析方法定量限的 1/2 作为终浓度。

16. 对于混配制剂，其中一个有效成分可减免浓度检测时，如何计算 LC_{50} 或 EC_{50}，减免浓度检测的组分能否使用理论浓度计算？

答：分别给出以可检测成分浓度计和以“B 浓度＋A 理论浓度”计的结果。

17. 难溶性原药配制试验液时，如需使用助溶剂，对助溶剂种类有何要求？用量是否必须≤0.1g（mL）/L？在溶剂对照组受试生物表现正常的前提下能否大幅增加助溶剂用量？

答：试验液配制过程中应尽量避免和减少助溶剂的使用。确需使用时，应满足以下条件：①只能使用低毒助溶剂，如丙酮、乙醇、甲醇、叔丁醇、乙腈、二甲基甲酰胺、二甲基亚砜和三甘醇等；②助溶剂含量应≤100 mg/L或0.1 mL/L，且各个处理组及溶剂对照组中助溶剂的含量应一致；③采用助溶剂助溶时，助溶剂用量不应超出准则要求。

18. 对于手性化合物、同分异构化合物，测定时应先将峰面积加和再计算浓度，还是先根据峰面积分别计算浓度再求和？

答：取决于供试物的标称浓度（以异构体形式计还是以总量计）和标样；如有多个峰，可将峰面积加和再计算浓度。

19. 化学分析过程中，水样的稀释算不算前处理方法（如果水样稀释了，是否需要设置同样稀释倍数的添加回收浓度）？添加回收浓度的设置有何要求？

答：添加回收样品的处理方式与样品前处理方式应一致（前处理后进样前用流动相稀释的除外）；添加回收浓度应涵盖试验的最低和最高浓度。

20. 哪些生物化学农药和植物源农药可以减免试验液中供试物浓度检测？

答：原则上均应测定真实浓度，需采用特殊分析方法的个别产品可申请减免。

21. 对于无机铜供试物（如氢氧化铜），试验液可否不进行浓度测定？

答：考虑到无机铜供试物的稳定性，试验中可以不进行浓度测定。

22. 对于含有微生物成分的复配制剂，应依据化学农药还是微生物农药准则进行试验？

答：微生物农药为新有效成分的，需用该有效成分的母药采用微生物试验准则单独进行试验；制剂按化学农药测试方法进行测试。

23. 微生物农药试验周期较长，选择接触式暴露途径进行试验时是否要对水体进行曝气处理，或者更换试验溶液？

答：可以采用半静态法，也可以对试验液进行曝气处理。

24. 微生物农药试验中，致死毒性和致病毒性两者选其一计算 LC_{50}，还是均需计算？

答：根据 NY/T 3152《微生物农药环境风险评价试验准则》的规定，当最大剂量试验表明死亡（病变）率＞50％时，应进行剂量效应试验和致病性试验。剂量效应试验的目的是获得 LC_{50}，致病性试验无法计算 LC_{50}，其目的是为证实菌株对受试生物的致病能力。

25. 对于水中溶解性较差的原药，如何增大其在试验液中的溶解度？

答：当采用直接添加供试物法配制试验液时，可通过增长搅拌时间、增大搅拌速度、超声波助溶，以及在条件允许情况下适当升高温度等方法增大供试物在试验液中的溶解。还可采用溶剂助溶法，通过选择合适的、低毒的有机溶剂、分散剂（如吐温）等助溶，在配制贮备液或试验液过程中加入少许有机溶剂、分散剂等。

第二节　鱼类急性毒性试验

1. 试验前是否应测定所有受试个体的体长和体重？

答：根据 GB/T31270.12 的规定，试验前应测定受试鱼的体长和体重，以确定满足试验要求。可采用抽样的方式进行，如从某批次拟用于试验的鱼群中按照一定比例随机抽样，测定结果表明符合试验要求时，则该批受试鱼总体上符合要求。

2. 对于鱼食，有何具体要求？

答：试验用鱼饲育过程中，应根据鱼龄选择不同的饲料，如草履虫、新孵化的丰年虾、冷冻丰年虾、商业开口饲料及幼鱼饲料等。建议根据相关试验准则检测饲料中的农药残留、重金属含量等相关指标。

3. 当试验设定浓度较高时，是否可以称量相应质量的供试物，并直接添加到水中作为试验液？

答：生态毒性试验中，试验液配制方法包括直接添加法，具体操作方法如下：直接称取一定量的供试物，通过低能量搅拌、剧烈振荡、搅拌、匀浆/高速搅拌、超声波助溶等手段使其与试验用水混合均匀，配制成供试溶液。但应注意，采用该方法时，所称量的供试物质量不能低于天平的最小称量值，确保称量准确。当试验浓度较低，无法采用该配制方法时，还可尝试采用母液稀释法、水溶性有机溶剂助溶法等其他方法进行试验。

4. 对于易挥发的供试农药，应如何开展鱼类急性毒性试验？

答：对于易挥发的供试物，在试验药液制备和暴露过程中，应选择密闭容器并尽量减小顶空体积。不同浓度的试验药液宜单独配制。无法分析暴露浓度时，应使用顶空体积为零的系统。此外，还应通过使用尺寸较小（试验准则推荐范围内）的鱼、加大试验药液体积、充氧或增加试验药液更新频率以满足试验液中的溶解氧含量要求。如采取充氧措施，应注意监测试验药液的 pH。

5. 对于易光解的供试农药，应如何开展鱼类急性毒性试验？

答：采用易光解的供试农药开展鱼类急性毒性试验时，可在黑暗环境下或者采用红光光源进行试验，也可选择性地剔除造成光解的特定波长的光线。

6. 对于易氧化分解的供试农药，应如何开展鱼类急性毒性试验？

答：采用易氧化分解的供试物开展鱼类急性毒性试验时，关键是要保证试验液中的溶解氧含量符合要求。一般可采取以下方式保持溶解氧含量，包括：对试验液进行曝气处理、增大试验液体积、减少受试生物承载量或增加试验液更换频率等。

7. 对于易生物降解的供试农药，应如何开展鱼类急性毒性试验？

答：对于易生物降解的供试农药，应采用半静态试验或流水式试验方法。开展半静态试验时，在试验开始时和试验期间，可对试验容器进行灭菌处理；开展流水式试验时，高浓度储备液宜在氮气中保存。试验过程中应避免使用抗生素，如必须使用，需经委托方同意，并增加抗生素对照组。

8. 某供试物的有效成分水解资料表明其48h内稳定，但正式试验时，24h实测浓度低于初始浓度的50%，是否存在生物富集的影响？该如何处理？

答：供试物在试验系统中的稳定性受多种因素影响，包括光解、挥发、吸附等，需根据供试物特性进行具体分析，并根据影响因素采取相应措施（参考NY/T 3273）。生物富集性可结合正辛醇-水分配系数（K_{ow}）、生物富集系数

（BCF）及试验的承载量等进行综合判断。如当承载量为1g/L、BCF=1 000时，达到平衡时的水中浓度理论上约为初始浓度的50%，因此绝大多数情况下，试验浓度不至于单纯因为生物富集而在24h内降低50%以上。

9. 对于疏水性的供试农药，应如何开展鱼类急性毒性试验？

答：对于疏水性的供试农药，试验过程中可采取以下措施维持暴露浓度，包括：采用半静态试验和流水式试验方法，并适当增加试验药液更换频率；减小受试生物承载量；及时清除试验药液中多余饲料和残留物；控制试验液中溶解的有机碳总量不高于2 mg/L；保持试验体系表面过饱和等。

10. 对于易被吸附的供试农药，应如何开展鱼类急性毒性试验？

答：当供试物暴露浓度<1 mg/L时，可采用以下方法减少供试物在暴露系统表面和有机物上的吸附，包括：减小试验药液表面积与体积的比值、采用半静态试验和流水式试验方法并适当增加试验药液更换频率、采用非吸附性材料制作的试验容器（如聚四氟乙烯，避免使用橡胶和聚乙烯等高吸附性材料）、对试验容器进行预饱和处理（预饱和药液浓度不能超过正式试验浓度）、控制试验液中溶解的有机碳浓度不超过2 mg/L等。

11. GB/T 31270.12 要求“试验前应在与试验时相同的环境条件下驯养 7～14d，预养期间每日光照 12～16h”，对于有效成分易光解、试验过程中需进行避光处理的供试品，驯养阶段是否也要进行避光处理？

答：考虑鱼类正常生活习性，驯养过程中尽量与实际情况保持一致，无需进行避光处理。

12. 鱼类急性毒性试验期间，对光照度有何要求？

答：可参考 OECD 203 的规定：光照度为 540～1 000 lx [10～20 μE/（m^2 · s）]。

13. 半静态试验过程中，对试验液浓度分析频率有何要求？

答：半静态试验中，如果稳定性分析数据表明，试验液更换周期内供试物浓度可维持在初始浓度的 80%～120%范围内，应至少测定第一次试验液更换周期内开始和结束时最高浓度处理组、最低浓度处理组和 LC_{50} 附近的处理组中的供试物浓度，否则应测定所有处理组中的浓度。

14. 参比物试验中，重铬酸钾试验液 pH 超出 GB/T 31270.12 试验准则要求，是否需要调节 pH？

答：参比物试验中，建议采用直接称量法配制试验液。若直接称量重铬酸钾配制的试验液 pH 仍然超出准则要求，可先配制 1 个高浓度储备液，并用 KOH 溶液将其 pH 调节至满足试验准则要求，然后再稀释使用。

15. 对于含量特别低的制剂，采用制剂直接进行试验时，空白对照是使用曝气水还是不含有效成分的助剂进行试验？

答：空白对照组采用不加供试物的试验用水进行试验。

16. 鱼类急性毒性试验过程中能否进行曝气处理？

答：在试验液浓度测定结果表明曝气不会导致供试物显著损失的前提下，可进行曝气处理。

17. 试验过程中，是否需要测定每个处理组的试验液温度、pH和溶解氧浓度？可否仅测定最高最低浓度组？

答：静态试验中，应于试验开始时及之后每天测定各处理组（含对照组）试验液中的溶解氧浓度、pH和温度；半静态试验中，应于试验开始和结束时，以及每次更换试验液前后测定各处理组（含对照组）试验液中的溶解氧浓度、pH和温度。对于温度，还应在其中1个试验容器中置入温度探头，进行连续监测。

18. 限度试验中，对处理组中受试鱼的死亡率有何要求？

答：鱼类急性毒性试验中，限度试验要求处理组受试鱼的死亡率≤10%，或处理组用鱼数少于10尾时死亡数≤1尾。

19. 鱼类急性毒性试验的限度试验需要设置重复吗?

答：不需要。

20. 鱼类急性毒性试验结束时，至少应有几个有效浓度?

答：原则上至少要有3个有效浓度，其中至少有一个浓度死亡率接近50%，一个高于50%，一个低于50%。

21. 微生物农药鱼类试验中，质量控制要求包括试验期间空白对照组死亡率不超过20%，灭活对照组是否也有此要求?

答：该质量控制指标以空白对照组为依据。灭活对照组作为非微生物活性影响的参考依据，不列入质控要求。

22. 微生物农药鱼类试验有3种暴露途径，试验过程中是否仅选取其中1个暴露途径即可？选择依据是什么?

答：根据微生物农药母药的致毒机理，选择1种合适的暴露途径进行试验。

23. 半静态试验中，应采用设定浓度还是测定的真实浓度进行数据统计与结果表征?

答：如果各浓度组更换试验液前后（新液和旧液）的测定浓度始终保持在设定浓度的80%～120%范围内，既可用设定浓度也可用测定浓度的几何平均值表示试验结果；如果新液/旧液的测定浓度超出设定浓度的80%～120%，应以新液和旧液测定浓度的几何平均值进行数据统计和结果表征。

24. 对参比物试验频率有何要求？定期检查还是按批次进行？

答：每批次受试鱼用于试验前，应至少进行1次参比物试验。此后，可根据实验室自身情况确定参比物试验周期，但至少1年2次。

25. 鱼类中毒症状主要有哪些？

答：受试鱼中毒症状描述可参考OECD 203。主要包括：①平衡相关症状，如鱼体失衡、头向上或向下、漂在水面或沉底等；②体表相关症状，如体色变淡或加深、眼球突出等；③呼吸行为相关症状，如换气过度、减弱或不规律、咳嗽等；④游动行为相关，如过度兴奋、游动减缓、静止不动、痉挛、上浮、鱼群聚集等。

26. 试验期间，对于濒死的受试鱼应如何处理？

答：试验期间，可将濒死受试鱼进行安乐死处理，并记入死亡数；当濒死状态难以判定时，可不做处理，记录症状，待试验结束后与其他存活的鱼一起，及时进行安乐死处理。

27. 鱼的安乐死方式有哪些？

答：推荐采用以下两种方法对试验后仍然存活的受试鱼

等进行安乐死处理，包括：①麻醉法：将斑马鱼成鱼浸入250～500 mg/L间氨基苯甲酸乙酯甲磺酸盐溶液中10 min以上。间氨基苯甲酸乙酯甲磺酸盐溶液需用$NaHCO_3$调节pH至7.0～7.5，避光冷藏保存，保质期1个月。②冰浴法：将斑马鱼移入2～4℃冰水中，成鱼浸泡10 min以上，幼鱼浸泡20 min以上。

28. 安乐死处理后的鱼如何处理?

答：应按照生物医学实验垃圾类别，交由有资质的专业公司进行处理。

29. 试验液配制过程中，若将供试物先溶于有机溶剂并均匀涂在试验容器内壁，待溶剂全部挥发干后再加入试验用水进行搅拌。采用该方法时理论上溶剂会全部挥发，此时还需设置溶剂对照吗?

答：建议设置溶剂对照，并按照相同的处理方式进行处理（即与处理组相比，区别仅在于不加入供试物）。

30. 微生物农药鱼类试验中，如果灭活对照组出现死亡，是否也要进行完整的剂量效应试验?

答：如果灭活对照组出现死亡，首先应分析原因，如灭活方式是否有效、试验条件是否符合要求、助剂是否存在毒性等。

31. 微生物农药鱼类试验中，要求设置平行，出于动物福利考虑，实际试验中可否不设平行?

答：应按照相关准则要求，设置平行。

32. 微生物农药鱼类毒性试验中，试验周期为30d，试验期间是否饲喂？对饲喂量有何要求？

答：试验期间应进行饲喂，推荐饲喂量为受试鱼体重的2%～4%。

33. 微生物农药鱼类毒性试验可采用饲料染毒法进行暴露，化学农药试验可否采用该种暴露途径？

答：不可以，不同类型农药的试验应按照其相应的试验准则要求进行。

34. 微生物农药鱼类毒性试验中，由于试验中供试物用量较大，当委托方提供的样品批次不同时，应如何处理？

答：供试样品应为成熟定型的产品，并确保每批次样品的质量稳定、可靠。首次提供样品量无法满足试验需求时，对新批次的样品也应严格按照要求开展质量检测和封样。每次试验应使用同一批次样品，并在试验报告中详细描述供试物的批次等信息。

第三节　溞类急性活动抑制试验

1. 如何鉴定大型溞？

答：建议从专业的大型溞研究机构引种，并由其提供品系证明。实验室在引入大型溞及其保种培养过程中，也应安排有经验的专业技术人员参考相关分类学资料，如《中国动物志 节肢动物门 甲壳纲 淡水枝角类》分卷，进行品种确认。雌性大型溞体长 2.20～6.00 mm，呈宽卵形，后半部比前半部略狭（图 1A、B）。黄色或淡红色，稍透明。壳刺较短，有时几乎完全消失。壳面有菱形花纹。头部宽而低，头顶圆钝，无盔。吻部（图 1C）稍突出。壳弧发达，在壳弧

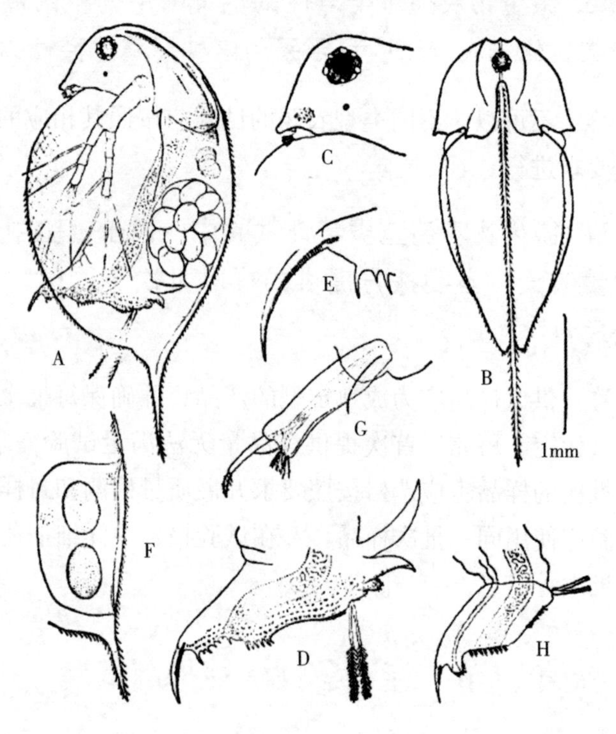

A—整体，侧面观，♀；B—整体，背面观，♀；C—吻部和第 1 触角，♀；D—后腹部，♀；E—尾爪，♀；F—卵鞍；G—第 1 触角，♂；H—后腹部，♂。

图 1　大型溞（*Daphnia magna* Straus）

（资料来源：中国科学院中国动物志编辑委员会，1979.《中国动物志 节肢动物门 甲壳纲 淡水枝角类》分卷）

的背前方，各侧都有两条短的纵行褶纹。盲囊1对，长而弯。复眼不大，位于头顶。单眼小，位于第1触角的正上方。第1触角（图1C）短而粗；角丘尚膨大。第2触角向后伸展时，游泳刚毛的末端不能达到壳瓣的后缘。触角基肢以及内、外肢都被有细毛。后腹部（图1D）大，向后逐渐收削，在肛门之后的背侧显著凹陷。肛刺明显地分为前后两列。肛刺的数目变异很大，凹陷前9～12个不等，偶尔5～6个，凹陷后6～10个。腹突4个，第1个腹突比第2个长1倍，第2个又比第3个长1倍，第4个最短。后3个腹突的背侧沿缘部分均带细刚毛。尾爪（图1E）略弯曲，有微弱的栉刺2列，前列有小刺8～12个，后列16～18个，略长。栉刺列后还有梳毛列。卵鞍（图1F）长大，内储黑色卵圆形冬卵2个。冬卵前后斜卧，其长轴与卵鞍的长轴成一定角度。

2. 大型溞培养过程中，如何判别有无雄性溞出现？

答：肉眼较难鉴别雄性溞，建议定期进行镜检。雄性溞体长1.75～2.50mm，壳瓣狭长，背缘平直，前缘与腹缘密生较长的刚毛。前腹较圆而突出。壳刺很短。头部向下弯曲，复眼特别大。吻十分钝。第1触角（图1G）很长，两端略短。前末角有1根长刚毛；后末角约有9根嗅毛。两者之间有1根短的触毛。第1胸肢有1个钩和1根长鞭毛。腹突不明显。后腹部（图1H）在肛门开口处有肛刺10个左右，末背角呈大的侧突，周缘有细毛。输精管开孔于侧突之间。

3. 如何选择大型溞培养容器?

答：应选用玻璃、不锈钢或其他化学惰性材质的容器培养大型溞，尽量避免硅酮管、硅胶密封圈等材料与培养液接触。大容器、低密度有助于种群繁殖和缓冲不良状况。

4. 大型溞试验用水与培养期间的培养液必须一致吗?

答：大型溞的培养液可采用 M4 或 M7 培养基，也可使用经过曝气处理的自来水。大型溞毒性试验中所使用的培养液应与培养过程中的培养液保持一致。否则，试验开始前，应将母溞在与试验相同的环境条件下、相同的培养液中培养至少 48 h。

5. 试验用培养基应不含有机磷、有机氯农药，可参考哪些标准进行检测?

答：建议使用 M4 或 M7 培养基配制试验药液。如采用其他类型试验用水，可参考 GB/T 5750.9《生活饮用水标准检测方法 农药指标》检测相关指标。

6. 培养期间需要更换培养液时，该如何操作?

答：将大型溞从已适应的培养液转移到另一种培养液时务必设置一个转换适应期，尤其是在两种培养液的 pH、碳酸盐含量等水质指标相差较大的情况下。在适应期内，可通过逐渐增加新培养液比例的方式使大型溞慢慢适应新的培养液。适应期通常约需 1 个月。

7. 大型溞驯养过程中，水面形成油膜的原因是什么，有何解决措施？

答：水面油膜的形成原因较为复杂，可能是混入了额外的无机盐，也可能是培养基被污染、水质下降等因素造成。可采取以下预防和处理措施，包括：尽量避免试验用水以外的其他无机盐来源、加大培养基更换频率、及时移除不良状态大型溞、更换投饵藻液等。

8. 如何对大型溞进行保种培养？

答：保种期间，建议培养密度维持在 50～60 只/L，每 3～4d 清理一次幼溞，每半个月更换保种批次。

9. 大型溞长期保种时，是否需要进行定期纯化？

答：保种期间应进行定期纯化。

10. 以藻类作为饵料时，对藻种及其饲喂量有何要求？

答：大型溞培养和驯化过程中，用藻类作为饵料时，可以使用单种藻类，也可以使用混合藻类。饲喂量以投喂后培养基颜色呈淡苹果绿色为宜。

11. 如何制备用于饲喂大型溞的藻液？

答：藻液制备方法推荐如下：将培养好的新鲜藻液进行离心（5 000r/min，10 min）处理，用蒸馏水、去离子水或培养液重新悬浮后继续离心，重复进行离心处理3～4次后，用少量培养液重新悬浮，获得浓缩藻液，备用。

12. 对于用于饲喂的藻液，反复进行离心处理的目的是什么？

答：将藻液进行反复离心处理后再用来饲喂大型溞，一方面是为了去除培养基中的无机盐，以免造成pH、盐度等水质指标波动，另一方面是为了去除一些有机物质，包括糖和代谢产物等，从而保证培养液中总有机碳（TOC）来源的唯一性，避免有机碳源污染培养液。

13. 大型溞培养过程中的异常情况有哪些？

答：大型溞培养过程中，可能会出现以下异常状况：出现冬卵或雄性溞；出现大量死胎或死亡幼溞、出生10d后仍未产溞或每次产溞数量极少、蜕皮不干净、游动缓慢、生长缓慢、日死亡率超过20%（或每天均出现大批量死亡）、大型溞沿缸壁浮于水面等。

14. 大型溞出现异常情况时如何处理？

答：一方面，可考虑重新引种，或重新进行纯化培养。另一方面，采取以下措施提高饲养水平，包括：①改善环境条件，如养殖密度、温度、光照等；②改善喂食条件，如适当提高喂食量、选择细胞个体较小的藻类以方便大型溞进食、添加适量酵母菌等作为营养补充，以改善大型溞体质，避免出现两性生殖及休眠卵等；③改善水质条件，除对pH、溶解氧等水质指标进行调节外，适量添加植物提取液、活性污泥等，帮助大型溞种群复壮；④适当延长换水间隔，使容器中累积较高浓度的大型溞提取物，也有助于体质较弱的溞恢复正常。

15. 试验用幼溞的选择要求？

答：试验用幼溞应选用实验室条件下培养 3 代以上、出生 24h 内的非头胎溞，且应来源于同一健康母系，即未表现出任何受胁迫症状（如死亡率高、出现雄溞或冬卵、头胎延迟、体色异常等）。

16. 保种的大型溞可直接作为母溞来繁殖幼溞用于急性活动抑制试验吗？

答：不可以，保种的大型溞需在试验条件下驯养 48h 方可作为母溞繁殖试验用幼溞。

17. 如何将试验用幼溞从培养液中分离？

答：幼溞分离过程中往往易受损伤，特别是操作不当使幼溞暴露于空气时，易使其产生机械损伤。因此，推荐使用吸管进行转移，且吸管顶端的孔径须保证大型溞自由通过。

18. 大型溞毒性试验中，对于不稳定的农药可否采用半静态法？

答：根据供试物在试验系统中不稳定的影响因素，参考 NY/T 3273《难处理农药水生生物毒性试验指南》，以及 OECD GD 23 采取相应措施仍不稳定的，应采用半静态法或流水式方法开展试验。

19. 对于易挥发的供试农药，应如何开展大型溞急性活动抑制试验？

答：对于易挥发的供试物，在试验药液制备和暴露过程中，应选择密闭容器并尽量减小顶空体积。不同浓度的试验药液宜单独配制。无法分析暴露浓度时，应使用顶空体积为0的系统。

20. 对于易光解的供试农药，应如何开展大型溞急性活动抑制试验？

答：采用易光解的供试农药开展大型溞急性活动抑制试验时，可在黑暗环境下或者用红光光源来进行试验，也可选择性地剔除造成光解的特定波长的光线。

21. 对于易生物降解的供试农药，应如何开展大型溞急性活动抑制试验？

答：对于易生物降解的供试农药，应采用半静态试验或流水式试验方法。开展半静态试验时，在试验开始时和试验期间，可对试验容器进行灭菌处理；开展流水式试验时，高浓度储备液宜在氮气中保存。试验过程中应避免使用抗生素，如必须使用，需增加抗生素对照组。

22. 对于疏水性的供试农药，应如何开展大型溞急性活动抑制试验？

答：对于疏水性的供试农药，试验过程中可采取以下措施维持暴露浓度，包括：采用半静态试验和流水式试验方法并适当增加试验药液更换频率；控制试验液中溶解的有机碳总量不高于 2 mg/L；保持试验体系表面过饱和等。

23. 对于易被吸附的供试农药，应如何开展大型溞急性活动抑制试验？

答：当供试物暴露浓度<1 mg/L 时，可采用以下方法减少供试物在暴露系统表面和有机物上的吸附，包括：减小试验药液表面积与体积的比值、采用半静态试验和流水式试验方法并适当增加试验药液更换频率、采用非吸附性材料制作的试验容器（如聚四氟乙烯，避免使用橡胶和聚乙烯等高吸附性材料）、对试验容器进行预饱和处理（预饱和药液浓度不能超过正式试验浓度）、控制试验液中溶解的有机碳浓度不超过 2 mg/L 等。

24. 大型溞急性活动抑制试验过程中，应测定每个处理组的试验液温度、pH 和溶解氧浓度，还是可以仅测空白对照组、最高和最低浓度组？

答：应在试验开始和结束时（如为半静态试验，还应包括每次更换试验液前后），至少测定对照组和最高浓度处理组的温度、溶解氧含量、pH。此外，试验期间宜对水温进行持续检测。

25. 试验过程中，如何判断大型溞活动受抑制？

答：判断大型溞活动受抑制的标准是：受试大型溞不动（即不能游动），或轻晃试验容器，15s 内未观察到受试生物附肢或后腹部活动。

26. 微生物农药溞类试验是否有质量控制标准？

答：建议参考《化学农药 大型溞繁殖试验准则》（报批稿），质量控制条件设为：试验结束时，对照组中大型溞死亡率≤20%。

第四节　藻类生长抑制试验

1. 普通小球藻、斜生栅藻和羊角月牙藻作为试验用藻，其优缺点分别有哪些？

答：据统计，目前使用最多的藻种为羊角月牙藻，其次为斜生栅藻和小球藻。小球藻的形态为球状，个体较小，不易观察，且生长速度迅速，在72h试验结束时细胞计数难度较大。斜生栅藻为栅栏状排列，形态特征明显，易于观察，但生长速度迅速，同样存在试验结束时细胞计数困难的问题。羊角月牙藻的形态为月牙状，易于观察，且生长速度较小球藻和斜生栅藻慢一些，试验结束时便于计数。

2. 藻类生长抑制试验中，除GB/T 31270.14中推荐的普通小球藻、斜生栅藻和羊角月牙藻，是否可以选其他藻种进行试验？

答：可以，但应为淡水绿藻，如舟形藻、水华鱼腥藻等。

3. 试验用藻种应多长时间更换一次?

答：原则上满足 GB/T 31270.14 中的质量控制要求即可，但考虑到连续转接的藻种可能会出现种群退化现象，建议每半年或 1 年更换一次。

4. GB/T 31270.14 推荐使用 M4 培养基培养斜生栅藻，而实验室根据藻种引种单位的建议，在培养和试验过程中使用了其他培养基，例如 BG11 培养基，是否属于偏离试验准则?

答：该情形属于偏离试验准则，但可在试验计划书和报告中详细说明偏离原因，并对此偏离进行评价。

5. 对于实验室经常测定、其低毒特性较为明确的药剂，是否允许不进行预试验，而直接进行限度试验?

答：通常，当没有充分的数据资料支持时，不建议跳过预实验而直接进行正式试验或限度试验。当参考查询资料、QSAR 预测数据、实验室积累的数据资料等，在有据可循的条件下可以不进行预试验而直接开展正式试验或限度试验。但是，当试验结果与预期不符时，需重新设计试验浓度并开展试验，必要时，重新进行预实验。

6. 对于易挥发的供试农药，应如何开展藻类生长抑制试验?

答：对于易挥发的供试物，在试验药液制备和暴露过程中，应选择密闭暴露系统，操作过程中尽量减少挥发（如将供试品直接称量至培养基中，而不是容器中）。同时，还应采取降低藻细胞接种密度、增加试验培养基中的碳酸氢钠含量、采用可以持续供应二氧化碳的循环装置，或适当缩短试验周期等相应措施。在正式试验开始前，应通过上述方法探索并建立可行的试验体系，获得符合质量控制要求的空白对照组。

7. 对于易光解的供试农药，应如何开展藻类生长抑制试验？

答：采用易光解的供试农药开展藻类生长抑制试验时，可剔除造成供试物光解的波长的光线，同时保留光合作用波长的光线进行试验，也可采用黑暗条件和光照条件交替暴露的方法进行试验。

8. 试验液必须按照“藻液：培养基＝1：1”比例进行配制吗？可否采用其他比例（如9：1）？

答：对于藻液和试验液的混合比例没有具体规定，保证各处理组含有相同浓度的培养基，相同的、满足准则要求的初始藻细胞浓度即可。

9. 试验过程中如何保证光照的均匀性？

答：当使用光源在侧面的培养箱时，建议将试验容器沿培养箱四周摆放，中间最多摆放一排，或者不放。当使用光源在上方的培养箱时，试验容器上方尽量避免使用有遮光作用的封口膜。

10. 试验液 pH 的波动超出 1.5 范围时，应如何处理？

答：试验中，对照组试验液的 pH 变化不应超过 1.5。如有超出，重新试验时可采取增大振荡速度、适当降低初始藻细胞浓度等措施来减少 pH 波动。

11. 试验过程中，是否需要设置 1 个空白培养液专门用于测定温度、pH 等水质指标？

答：应根据试验准则要求，在试验开始和结束时，分别测定各处理组各平行的温度、pH 等水质参数。为了实时监测试验过程中的温度变化，建议专门在试验区域放置 1 瓶额外的空白培养液，置入温度探头连续进行水温测定与记录。

12. 初始藻液进行藻细胞计数时，是否需要检测每个试验容器中的藻液浓度？

答：试验开始时，试验液中的藻细胞浓度较低，用初始藻液的细胞浓度进行换算即可，无需分别计数每个容器中的藻细胞数。

13. 藻细胞计数时，宜选用分光光度法还是细胞计数法？

答：供试物本身无色时，两种方法均可。供试物本身有颜色的，即使稀释后试验液澄清透明，也应采用细胞计数法进行计数。

14. 使用血球计数板检测藻细胞浓度时，试验准则要求“同一样品至少计数两次，如计数结果相差大于15%，应予重复计数”。所有情况下都应满足该标准吗？

答：实际试验过程中，由于24h样品或高浓度处理组样品中的藻细胞浓度通常较低，计数结果很容易出现相差大于15%的情况，上述情况下可忽略藻细胞计数偏差，不必控制在15%范围内。

15. 采用紫外分光光度计检测藻细胞浓度时，需建立藻细胞浓度-吸光度标准曲线，该标准曲线是否有有效期要求？允许多个试验共用该曲线吗？

答：建立好的藻细胞浓度-吸光度标准曲线允许不同试验共用。在不更换藻种，且试验测定过程中未发现异常情况下，建议每个季度开展一次参比物试验，同时更新标准曲线。

16. 采用藻细胞浓度-吸光度标准曲线对藻液浓度进行定量时，若出现负值如何处理？

答：首先，应充分考虑浓度梯度、浓度范围，建立一条合适的标准曲线。若经常出现测定值为负值的情况，应考虑重新建立标准曲线，缩短实验室规定的标准曲线有效期；同时，核查受试物试验液是否对吸光度值的测定有干扰。

17. 当低浓度处理组中藻类生长率高于空白对照组时，会出现生长抑制率为负值的情况，此时如何进行数据处理？

答：如果仅低浓度出现负值且负值不大，即表现出的“刺激效应”不明显，计算 EC_{50} 时宜采用可接受“负值”的统计软件，或采用反复抽样直线内插法（linear interpolation with bootstrapping），也可考虑剔除该处理组数据（通常不推荐该方法）。当“刺激效应”较明显时，应参考OECD 201，采用毒物兴奋效应模型进行剂量效应曲线的拟合。

18. 常见的藻细胞毒性效应有哪些？

答：由于藻细胞为单细胞，往往仅能观察到生长抑制效应。少数情况下，可观察到藻细胞粘连或聚集、藻液变黄、藻细胞由于细胞壁被破坏而变形的情况等。试验过程中需详细记录所观察到的中毒症状，并在最终试验报告中进行描述。

19. 试验液浓度检测样品采集过程中，有何注意事项？

答：化学分析样品应具有代表性，取样量不可过少，3个平行均需采样，每个平行至少取样5mL。

20. 对于试验液浓度检测样品，是否需要重复取样？

答：暂不要求重复取样测定，但建议额外采集一个备用样品。

21. 对试验液中的供试物进行浓度检测时，需通过离心将藻类从培养基中分离，离心过程中对于转速是否有统一要求？

答：无统一要求，达到离心处理的目的即可。

22. 对试验液的供试物进行浓度检测时，对标准曲线的最高浓度与最低浓度的相差倍数有无具体规定？

答：原则上，标准曲线可满足使用要求即可。当标准工作溶液浓度范围过宽时，建议做两条标准曲线。

23. 试验液浓度检测过程中，标准曲线有无有效期规定？

答：对于标准曲线有效期暂无具体要求，但每批次测定浓度时均应同步测定质控样品。

24. 分析方法验证是否需要单独分配试验项目号，并遵从质量管理体系？

答：分析方法验证试验应遵从质量管理体系（方法开发部分除外）。是否需要单独分配试验项目号暂无规定。如将分析方法验证部分单独分配试验项目号，也需将分析方法验证报告以附件形式附在毒性试验报告之后。

25. 藻类试验无法更换试验液，当供试物光解或者水解较快时，初始浓度和 72 h 的实测浓度有时相差上百倍，且不同浓度的降解速率也表现不同，该如何处理？

答：除光解、水解等因素外，还应考虑试验浓度的降低是否与供试物吸附到藻细胞上有关，如可检查试验过程中是否出现生长抑制率越低的处理组中，供试物浓度降低得越快。如果是，统计分析时可参考 OECD 201，采用适当的统计模型，在结果计算中考虑供试物浓度下降的因素；也可考虑设置一系列额外的容器（盛装试验液，但不加入藻液），在试验条件下培养以用于浓度分析。其他大部分情况下，当供试物浓度降低与藻细胞吸附无关时，以测定浓度的几何平均值进行结果统计与分析。建议增加浓度检测频率，如每 24h 采样。

26. 对照组 3 个平行间数据存在明显差异，如某个平行明显长得不好，应如何处理？

答：应分析原因，并采取预防纠正措施，重新开展试验。

27. GB/T 31270.14 要求藻细胞生长抑制率宜涵盖 5%～75%范围，但是实际试验中有时达不到该要求，最高浓度组的生长抑制率最低要求是多少？

答：试验中，应采取措施尽可能达到该要求，如采用增加处理组数量、适当增加浓度间距（必要时）等方法。采取相关措施后仍然达不到该要求时，应在试验报告中进行说明并分析原因。

28. 藻类毒性试验中，毒性等级的划分应依据基于生长抑制百分率计算得到的 E_rC_{50} 还是基于生物量抑制百分率计算得到的 E_yC_{50}？

答：优先依据 E_rC_{50} 进行毒性等级划分。

29. 参比物试验中，毒性终点 EC_{50} 有无推荐的参考范围？

答：GB/T 31270.14 未规定推荐范围，可参考 ISO 8692。根据该标准中所列实验室间测试结果，3，5-二氯苯酚对斜生栅藻和羊角月牙藻的 E_rC_{50} 分别为 4.04～8.80 mg/L 和 2.08～4.68 mg/L；重铬酸钾对斜生栅藻和羊角月牙藻的 E_rC_{50} 分别为 0.72～0.96 mg/L 和 0.92～1.46 mg/L。

30. 当供试物 EC_{50} 为大于最大溶解度，而最大溶解度＜3 mg a. i. /L 时，如何进行毒性等级判定？

答：测试结果为 EC_{50}＞3mg a. i. /L 以下的某值时，试验报告中不宜作出毒性等级的判定。

第五节　浮萍生长抑制试验

1. 推荐的试验用浮萍种类有哪些？

答：根据 NY/T 3090 的规定，推荐使用圆瘤浮萍、小浮萍和紫背浮萍。

2. 浮萍的保种条件有哪些？

答：将浮萍置于光照较弱（<1 000lx）、温度较低（4～10℃）的条件下保种。每2～3个月进行一次转代。

3. 对试验用浮萍有何要求？

答：试验用浮萍应满足下列要求：单一物种培养；无染藻、染菌情况发生；个体处于“对数”生长期，生长旺盛、健壮、颜色明亮，无损伤、变色及坏死。开展试验时，每个试验容器中加入无性繁殖群2～4个、叶状体9～12片，各试验容器中无性繁殖群及叶状体数均应保持一致。

4. 当浮萍受到污染或实验室引入新的浮萍时，应如何消毒？

答：可剪掉浮萍根部，用清水剧烈冲洗后，浸入0.5%（V%）次氯酸钠溶液中浸泡消毒1min以上，最后用足量的无菌水或无菌培养液冲洗几次，转入新的培养基中培养。该方法在除菌/除藻的同时可能会杀死部分浮萍，但剩下的浮萍个体通常无污染。

5. 浮萍生长抑制试验中，如何选择合适的试验容器？

答：试验容器材质应为玻璃或惰性材料。试验容器应有足够的高度，使培养基在容器内有足够深度；容器应有足够的表面积，防止试验期间叶状体之间相互干扰；试验容器应有容器盖，以减少挥发或交叉污染，同时应能保证必要的空气交换。

6. 浮萍生长抑制试验推荐使用何种参比物质？

答：本试验推荐使用的参比物质为3，5-二氯苯酚（3，5-dichlorophenol），至少每年进行2次参比物试验。参比物试验结果可参考ISO 20079［受试浮萍为小浮萍（*Lemna minor*）］，采用改进的Steinberg培养基，E_rC_{50}（叶状体数）为2.2～3.8 mg/L。

7. 如何选择合适的培养基？

答：SIS培养基主要用于小浮萍及紫背浮萍的培养，20×AAP培养基主要用于圆瘤浮萍的培养，Steinberg培养基主要用于小浮萍的培养。无论使用何种培养基，均应调节pH至试验准则（NY/T 3090）中要求的范围。

8. 如何尽量减少光照差异对试验结果的影响？

答：试验期间应采取措施确保试验区域同一平面内光照度在±15%以内，如将试验容器随机摆放，各试验容器之间保持一定间距，并定期（每天或每次更新试验溶液时）更换试验容器的位置；根据光源不同选择合适的球面或余弦光度计，准确测量不同位点的光照度。

9. 如何选择合适的光度计测量光照度？

答：当光源的光来自两个方向（如测定平面的上方及下方）时，应选择球面传感器类光度计；当光源的光来自单一方向（如测定平面的上方）时，应选择余弦传感器类光度计。不论何种光源条件下，都应避免使用单向传感器类光度计。

10. 试验过程中对培养条件的测定频率有何要求？

答：培养条件主要包括温度、pH和光照度，具体要求如下。

（1）水温：每天测定，有条件时宜连续监测，要求保持在（24±2）℃。

（2）pH：采用静态法时，在试验开始及结束时测定；采用半静态法时，在试验开始和结束时，以及每次更换试验液前后进行测定；采用流水式方法时，每天测定。试验结束时，对照组pH变化应<1.5。

（3）光照度：试验期间至少测定1次，光照度要求在6 500～10 000lx范围内，且试验区域内的光照度差异不应超出±15%范围。

11. 试验液配制过程中，对助溶剂有何要求？

答：推荐采用*N*，*N*-二甲基甲酰胺（*N*，*N*-dimethylformamide）作为助溶剂，其用量不应超过0.1mL/L。不推荐使用丙酮（可能会刺激细菌生长）。

12. 配制好的试验液用于染毒后，剩余部分可否用于水温测定？

答：多余的试验液（优先使用空白对照组）可与试验组放置在一起，在相同条件下培养，用于试验水温的连续监测。

13. 浮萍生长抑制试验中，变黄的叶状体是否计数？

答：应如实描述试验期间浮萍是否出现变色症状，即叶片组织颜色的改变，包括变黄等，并记录出现变色症状的叶状体数。同时，应判断变黄的叶状体是否坏死，统计叶状体生物量并计算 EC_{50} 时，不应将已变色坏死的叶状体计数在内。

14. 浮萍叶状体坏死后，是否还需测定叶面积？

答：试验期间出现坏死的叶状体（通常表现为叶片组织发白或呈现水浸状）时，应如实记录坏死的叶状体数。无需测定已坏死的叶状体的叶面积。

15. 浮萍叶状体或无性繁殖群的初始根长或数量差异会影响试验 7 d 后的鲜重或干重吗？怎样减少试验误差？

答：通常情况下，叶状体的初始根长及其数量引起的误差远小于叶片大小不同带来的误差。试验开始前，应准备足够数量的繁殖群，首先保证有足够数量的、叶片大小一致的叶状体。染毒处理操作过程中，应轻拿轻放，尽量避免接触根系。在无菌条件下，用经消毒的不锈钢叉或接菌环接触叶片部分以挑取繁殖群，将其随机分配至各试验容器中。如发现根须断裂的繁殖群应及时更换。

16. 浮萍叶状体如何计数？

答：所有突起状结构均应记录在内。

17. 如何辨别叶状体突起？

答：大部分情况下突起比较明显易于分辨，少数情况下不易分辨时，可采用以下 3 种方法辅助鉴别：①将光源置于培养皿底部，使光源从背面射入叶片，然后从培养皿上方观察；②借助放大镜或者解剖镜进行辅助观察；③准备足够数量的繁殖群，选择易于分辨的作为受试浮萍。

18. 浮萍总叶状体面积测量是否也应计算产量抑制百分率？

答：应当计算。

19. 叶面积指标可用叶绿素含量替代吗？

答：叶绿素含量可以作为补充指标，但不建议取代叶面积指标（ISO 20079）。理由如下：①除草剂作用机理有多种，当供试农药并非作用于叶绿体时，叶绿素含量与叶面积之间不一定线性相关；②叶绿素测定过程中，为减小试验误差，传统方法通常需至少 0.1g 样品，高浓度处理组可能无法满足此要求；③与干重、鲜重指标一样，叶绿素测定只适于在试验开始时同批次取样测定，在结束时对各处理组进行测定，而无法在暴露期间进行测定。

20. 浮萍生长抑制试验中，试验结果应分别计算 E_yC_{50} 和 E_rC_{50} 吗？

答：试验结束后，应分别计算各测试指标尤其是敏感指标的 E_yC_{50} 和 E_rC_{50}。根据 NY/T 2882《农药登记 环境风险评估指南》，试验中应优先采用可获得 E_rC_{50} 的试验设计。

第六节　穗状狐尾藻毒性试验

1. 穗状狐尾藻毒性试验中要求使用与培养阶段相同的培养液吗？

答：穗状狐尾藻毒性试验中，应使用与培养阶段相同的培养液。

2. 穗状狐尾藻水培过程中，如何避免切口处出现腐坏？

答：建议实验室采用土培法培养穗状狐尾藻，如需水培，建议采用组织培养法以获得数量和质量均合格的供试试材。

3. 穗状狐尾藻培养过程中，对于水体中出现的细小线状虫应如何处理？

答：培养过程中水相中出现细小线状虫时应及时清理，如采用网兜捞取清除。建议配制底泥前，先将泥炭提前进行烘干处理（120℃），以杀死其可能携带的小线虫或虫卵。

4. 穗状狐尾藻培养过程中，如何避免滋生藻类，如何有效去除绿藻？可否采用1%次氯酸钠溶液进行消毒处理？

答：首先，应从源头进行控制，从专门的机构或实验室购买试材。穗状狐尾藻到达实验室后，应用水反复清洗后再开始培养。培养过程中，宜每 2～3 周转接一次，最长不应超过一个月。不宜采用高浓度次氯酸钠溶液（如 1%）进行消毒处理，避免其对穗状狐尾藻产生损害。

5. 穗状狐尾藻毒性试验期间，是否需要测定试验液中的溶解氧含量？

答：需要测定。试验开始和结束时，以及每次更换试验液前后均需测定溶解氧含量。

6. 如果采用半静态试验方法，需要在更换试验液前后测定每个试验容器中的水温吗？可否选取几个试验容器进行监测？

答：应在试验开始和结束时，以及每次更换试验液前后测定每个试验容器内培养液的 pH、溶解氧含量和水温。此外，还可将其中 1 个容器专门用来连续监测水温变化，置入温度探头，使用自动温度监测系统实时测定和记录试验温度。

7. 如何减少和避免试验染毒过程中，水-沉积物系统出现白色悬浊？

答：建议尝试采取以下措施，包括：控制高岭土的细度、在底泥上方铺设纱布、控制培养液加入时的流速等，以减少对人工土的扰动。

8. 如何区分穗状狐尾藻的根部和茎部?

答：建议以土层以下长出须根的位置为节点，以下作为根部，以上作为茎部。

9. 试验开始后 10d 左右，空白对照组中的穗状狐尾藻由于长势良好，长度超过水体高度，会不会对试验结果产生影响?

答：通常来说，穗状狐尾藻长到液面高度后，会横向漂浮在液面上继续生长，理论上不会影响试验结果。

10. 如何判断穗状狐尾藻生长状态异常?

答：穗状狐尾藻的常见异常状态及其判断方法如下。

（1）与对照组相比，茎节间距不规则、侧枝增生。

（2）叶组织受损松弛，表现为：用手碰触或搅动培养基，叶片脱落。

（3）茎节片段化，表现为指茎断裂。

（4）茎叶扭曲，表现为茎叶螺旋状生长。

11. 植株的长度、净重、干重等是否可以用茎、根的总和表示？还是需单独测定?

答：应遵从 NY/T 3274 的规定，分别测定穗状狐尾藻的茎、根和整株植物的长度、鲜重和干重。

12. 穗状狐尾藻毒性试验是否要求每个测试指标均至少保证有5个有效浓度?

答:要求至少敏感指标有5个有效浓度(即抑制百分率<100%)。

13. 穗状狐尾藻毒性试验的质量控制要求对照组各重复间变异系数平均值不超过35%,具体如何计算?

答:先计算对照组各平行的平均值,再计算变异系数。

14. NY/T 3274仅要求测定水相中的供试物浓度,是否应考虑同时测定基质(人工土)中的供试物浓度?

答:目前国内试验准则中未对底泥中的供试物浓度测定做相关要求。特殊情况下可参照OECD准则要求进行相关测定:①试验期间供试物在水中保持稳定(维持在理论浓度或初始浓度的80%~120%)时,可仅测定水相中的浓度;②供试物在水-沉积物系统中的分配情况较为明确时(但水-沉积物系统试验中的水土比、施药方法、底泥等应与本试验相似),可仅测定水相中的浓度;③其他情况下,应在测定水相中浓度的同时,至少测定最高浓度组中底泥和底泥孔隙水中的供试物浓度。

图书在版编目（CIP）数据

农药登记环境影响试验常见问题解答 / 农业农村部农药检定所编．—北京：中国农业出版社，2020.8

ISBN 978-7-109-26870-8

Ⅰ.①农… Ⅱ.①农… Ⅲ.①农药—药品管理—环境影响—环境试验—问题解答 Ⅳ.①S48-44

中国版本图书馆 CIP 数据核字（2020）第 086166 号

中国农业出版社出版

地址：北京市朝阳区麦子店街 18 号楼

邮编：100125

责任编辑：许艳玲 魏佳妮

版式设计：杜 然 责任校对：赵 硕

印刷：北京中兴印刷有限公司

版次：2020 年 8 月第 1 版

印次：2020 年 8 月北京第 1 次印刷

发行：新华书店北京发行所

开本：850mm×1168mm 1/32

印张：4.25

字数：85 千字

定价：28.00 元
